# 辺野古に基地はつくれない

JN127642

山城 博治、北上田 毅

この基地建設はいずれ頓挫する……………北上田 毅
1 辺野古新基地建設事業はどのように進められてきたか……………2
2 辺野古新基地の建設工事とはどのようなものか……………9
3 事業の帰趨を握る知事の権限……………16
4 相次ぐ違法・違反行為——防衛局工事の問題点……………22
5 八方塞がりに陥った防衛局——知事の権限で工事は頓挫する……………40
辺野古に基地はつくらせない……………山城博治 55

表紙写真＝海上でカヌーに乗り抗議活動をする人々(撮影・北上田 毅)
裏表紙(左)＝日本でも最大級の調査船「ポセイドン1」まで使った海上ボーリング調査(撮影・北上田 毅)
裏表紙(右)＝辺野古の砂浜、キャンプ・シュワブとの境界のフェンスに掲げられたバナー(撮影・編集部)

岩波ブックレット No. 987

# この基地建設はいずれ頓挫する

北上田　毅

## 1　辺野古新基地建設事業はどのように進められてきたか

沖縄県名護市辺野古への米軍新基地建設事業（以下、「辺野古新基地建設事業」）は、仲井《なかい》眞《ま》弘多《ひろかず》前沖縄県知事が二〇一三年一二月末に予定地の埋立を承認して以来、すでに五年近くが経過した。

沖縄防衛局（以下、「防衛局」）は、二〇一四年夏に海上ボーリング調査を開始。それ以降、多くの県民が、工事車両の進入を阻止しようと、連日、工事現場への入口となるキャンプ・シュワブのゲート前で座りこんでいる。機動隊が暴力的な強制排除を続けるが、人々は屈しない。石材を搬出する砕石場や、海上搬送の積出港などでもダンプトラックの前で抗議行動が行なわれている。海上でも海上保安官らの規制に抗しながら、カヌーと船による果敢な抗議行動が続いている。

二〇一八年七月には、辺野古側の外周護岸が仕切られ、防衛局は、土砂投入作業を八月一七日以降に始めると沖縄県（以下、「県」）に通知。これに対して翁《お》長《なが》雄志《たけし》知事は、ついに埋立承認の「撤回」を表明した。ところが、その緊迫した状況のさなか翁長知事が急逝。辺野古問題を重大な争点とする県知事選となり、新基地建設をめぐる状況はいよいよ重大な局面を迎えた。

私は元土木技術者で、長年、公共土木工事に携わってきた。その経験を活かし、辺野古新基地建設事業では、防衛局への公文書公開請求などで工事の設計図書等を入手して検討を続けてきた。また、毎年数回、防衛省交渉を行なって工事の問題点を追及してきた。同時に、現場でも抗議船の船長として、海上から工事の状況を監視している。

以下、主に工事の面から辺野古新基地建設事業の現状と問題点について検討していきたい。

**準備作業の大幅な遅れ**（二〇一四年一月〜二〇一五年一〇月）

仲井眞前知事の埋立承認後、防衛局は各種委託業務の入札手続等、事業の準備を始めた。しかし、二〇一四年一月に名護市長選で基地建設に反対する稲嶺《いなみね》進《すすむ》市長が再選され、県議会においても埋立承認の経過をめぐって百条委員会が設置されるなどの動きもあり、事業の着手は遅れた。

政府は、二〇一四年六月、日米合同委員会を開催。辺野古新基地建設事業の施行区域一帯を、日米地位協定二条四項(a)に基づく日米共同使用地とし、常時立入りを禁止する「臨時制限区域」に指定した。中に入った場合は刑事特別法を適用すると脅し、市民らの海上抗議活動を排除することを狙ったものだ。

二〇一四年七月、陸上の飛行場部分にある米軍隊舎の解体工事が始まった。だが、飛散性アスベスト（石綿）が使われていたにもかかわらず、大気汚染防止法に基づく県への特定粉じん排出等作業届出書が提出されていないことや、建設リサイクル法に基づく県への届出書に「アスベストなし」と記載されているなどの違法行為が市民らの訴えで発覚し、工事は大幅に遅れた。

八月中旬には臨時制限区域に沿ってブイや進入防止用のフロート設置に着手、さらに海上ボーリング調査も始まった。連日、カヌーと抗議船による懸命の阻止行動が続く。海上保安官らの暴力的な規制でけが人が相次ぎ、二〇一五年四月には海上保安官によって抗議船が転覆させられるという事件も起こった（現在、国賠訴訟を係争中）。

防衛局は二〇一四年九月、公有水面埋立法に基づく設計概要変更申請を県に提出した。建設予定地を流れる美謝《みじゃ》川の切替えや土砂運搬方法の変更等は取下げざるを得なかったが、中仕切護岸や工事用仮設道路造成等は仲井眞前知事が退任直前に承認してしまった。

二〇一四年一一月の県知事選では、翁長氏が約一〇万票もの大差をつけて勝利。さらに一二月の衆議院選挙でも沖縄の四選挙区すべてで新基地建設に反対する候補者が当選し、新基地にはあくまで反対という県民の強い意志が示された。

二〇一五年に入ると、県漁業調整規則（岩礁破砕許可）に違反したコンクリートブロック投下が大きな問題となる。翁長知事はすべての海上作業の停止を指示したが、防衛大臣が行政不服審査請求と執行停止を申立て、知事の停止指示の効力は停止されてしまった。

それでも事業の遅れは著しい。当初、海上ボーリング調査の契約は二〇一四年一一月末までだったことでもわかるように、防衛局は二〇一四年秋までに海上ボーリング調査を終え、知事選前には本体工事に着手するという方針だった（『読売新聞』二〇一五年五月一〇日）。安倍晋三首相が遅れを怒り、防衛省幹部らを官邸に呼び出して、「「なぜ作業が遅れている。さっさとやれ」などと……声を荒げて叱責。机を叩くなどしてまくし立てた」という（『琉球新報』二〇一四年七月一九日）。

### 翁長知事の埋立承認「取消し」と県の敗訴（二〇一五年一〇月〜二〇一六年一二月）

知事は第三者委員会の答申を受け、二〇一五年一〇月一三日、埋立承認を取消した。

工事は停止したが、国は、またも行政不服審査法に基づく審査請求と執行停止の申立てを行ない、二週間後に国土交通大臣が知事の埋立承認取消しの効力を停止してしまった。国の審査請求に対しては、そもそも行政不服審査制度は「国民の権利救済」を目的としたものであり、国としての「固有の資格」に基づいた本件埋立承認には適用されないはずだ、という批判が相次いだ。

執行停止決定により工事は再開。防衛局は、海上ボーリング調査を継続する。一方、司法の場でも国と県の争いが始まった。国は二〇一五年一一月、知事の埋立承認取消処分の取消しを求める代執行訴訟を福岡高裁那覇支部に提起。県も、国を相手取り、二件の裁判を起こした。

二〇一六年三月四日、国が起こした代執行訴訟で、多見谷《たみや》寿郎《としろう》裁判長の勧告で和解が成立。国と県の双方が裁判をすべて取下げ、国は工事を中止した。和解条項には、「(双方は)円満解決に向けて協議を行なう」ともされていたが、国は県との協議をすることもなく、知事に埋立承認取消しの「是正の指示」を行ない、さらに七月二二日には、知事に対して不作為の違法確認訴訟を福岡高裁那覇支部に提起した。

同年九月一六日、多見谷裁判長は、県の証人申請をすべて退け、国の請求を全面的に認める判決を出した。「北朝鮮が保有する弾道ミサイルのうちノドンの射程外となるのは我が国では沖縄などごく一部である」というような判決には唖然とする他ない。

一二月二〇日には最高裁が県の上告を棄却。知事はやむなく、一二月二六日、自らが行なった埋立承認取消処分の取消しを通知。埋立承認取消しをめぐる争いは幕を閉じた。

**工事再開から現在まで**（二〇一七年一月〜二〇一八年八月）

防衛局は一〇カ月ぶりに工事を再開。二〇一七年一月には大浦湾に進入防止用のフロートを再設置した。さらに二月には大量の大型コンクリートブロックの投下作業を開始。三月には汚濁防止膜が設置された。また、一年近く中断していた海上ボーリング調査を、大型特殊船「ポセイドン」（四〇一五トン）やスパッド台船等で再開した。

防衛局は、岩礁破砕許可が三月末で切れていたにもかかわらず、従来の法解釈を一方的に変更して工事を続行。四月末には、大浦湾のK９護岸部分の石材（基礎捨石《すていし》）投下が始まった。

ところがこの工事は、二カ月後、全長三一六メートルのうち下部工の一部を一〇〇メートル造成しただけで止まってしまった。施工された部分も本来の構造、形状とはまったく異なっていた。この工事は護岸造成工事ではなく、後述のように石材陸揚げの桟橋《さんばし》とするためのものだったのだ。当初、大浦湾に「仮設桟橋」や「仮設岸壁」の造成が予定されていたが、頓挫《とんざ》した経過がある。その代わりにK９護岸を一部変更して桟橋として造成したのだ。

また、二〇一七年六月末からは辺野古側沿岸部での「工事用仮設道路③」、同年一一月からは辺野古側外周部の護岸工事が始まった。しかし、サンゴ類や海草藻場の移植も行なわないままの工事だとして、県は再三、中止を求める行政指導を繰り返した。

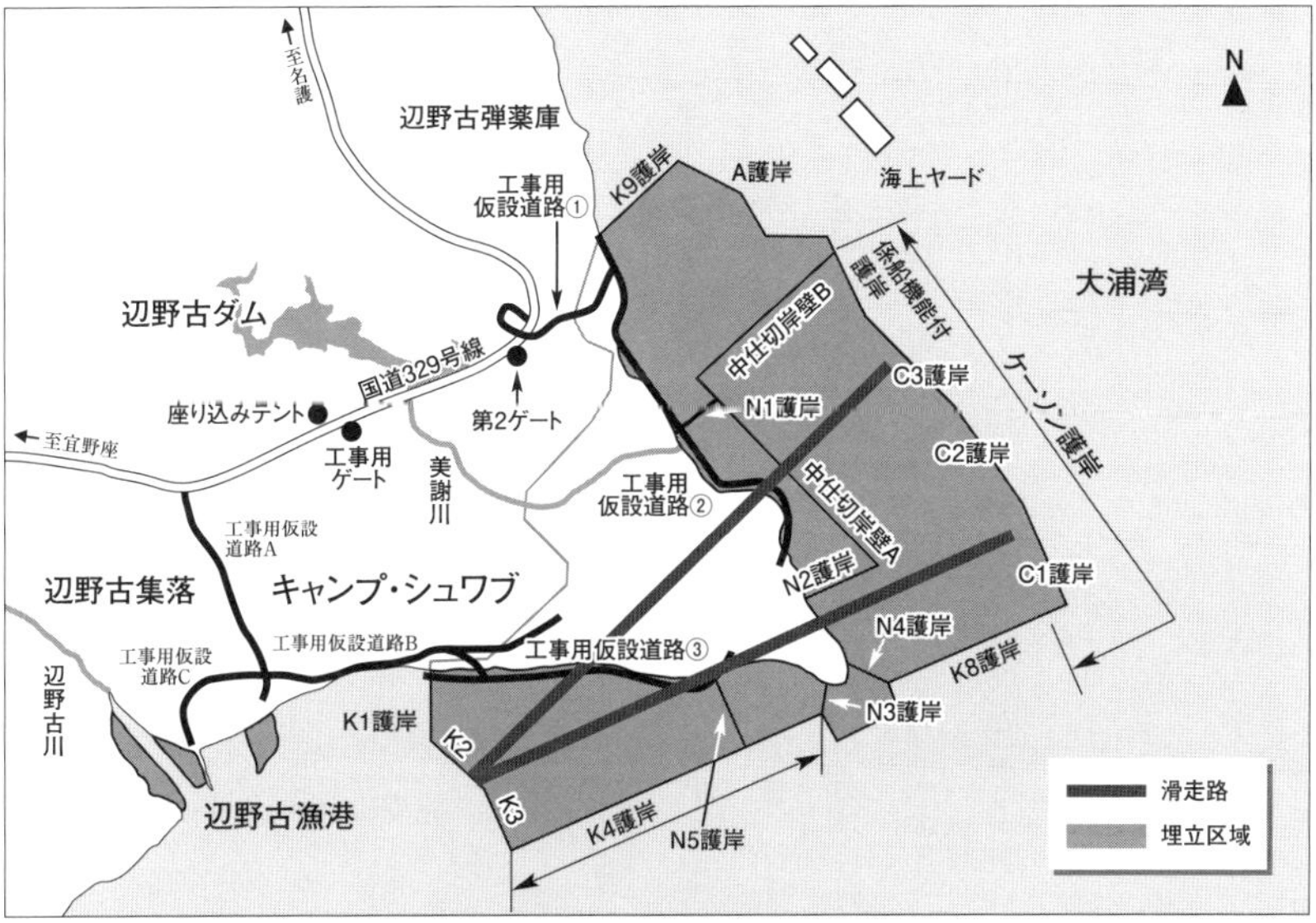


図１　辺野古新基地建設の全体図

水深の深い大浦湾側とは異なり、辺野古側での護岸工は、基礎捨石の両側を被覆ブロックで押さえるだけの簡易な構造で、浅い海での工事だから進行は早い。二〇一八年七月には「②-1工区」（一二頁の図6）の外周部護岸の基礎部分の造成を終え、海が閉じられてしまった。

## 翁長知事の埋立承認「撤回」表明と急逝

防衛局は二〇一八年六月、沖縄県赤土等流出防止条例に基づく通知書を県に提出。八月一七日から土砂投入を開始すると通知した。

これまでは石材を投下する護岸の造成工事であった。もちろん環境には深刻なダメージを与えてはいるが、まだ、撤去は可能であった。しかし海が仕切られ、土砂が投入されてしまえば、もう原状回復はできない。土砂投入までに埋立承認の「撤回」を求める県民の声がますます高まった。

翁長知事は最高裁での敗訴後も、何度も埋立承認「撤回」の検討を表明してきた。特に、二〇一七年三月二五日には、キャンプ・シュワブゲート前で開かれた県民集会に初めて参加して、「撤回を力強く、必ずやる」と宣言、県民の喝采を浴びた。

しかしその後、知事は、多くの市民団体等からの要請にもかかわらず、なかなか埋立承認の「撤回」に踏み切らなかった。土砂投入の日が迫り、業を煮やした市民らは、七月中旬、県庁前広場で知事の承認「撤回」を求める座りこみを開始した。県庁の三役室前の座りこみも行なわれ、謝花《じゃはな》喜一郎《きいちろう》副知事が市民との面談に応じた。そして翁長知事は七月二七日、防衛局を「本当に傍若無人なこれまでの工事状況」と強く批判し、ついに埋立承認の「撤回」を表明した。

七月三一日には、「撤回」に向けた準備手続である「聴聞」の通知書が防衛局に交付された。ところが翁長知事は、八月八日に急逝。「撤回」の方針がどうなるか心配されたが、県は八月九日に予定通り防衛局への「聴聞」を実施した。

防衛局は翁長知事を偲《しの》ぶ県民世論の高まりに、知事選への影響を考慮したのか、八月一七日の土砂投入を断念。それでも県は翁長知事の方針どおり、八月三一日に埋立承認を「撤回」した。また、辺野古埋立の賛否を問う県民投票条例の制定を求める署名活動も必要数を大きく超える約一〇万人もの署名が集まった。議会で条例が可決されれば県民投票が実施され、ここでも圧倒的な新基地反対の民意を示すことができれば、ここからも新たな動きが始まるだろう。

辺野古新基地建設反対運動は、いよいよ正念場に入ろうとしている。

## 2　辺野古新基地の建設工事とはどのようなものか

防衛局の埋立承認願書に記載されている工事概要について説明する。

辺野古新基地の総面積は二〇五ヘクタール、そのうち埋立面積は約一五五ヘクタールである。他にも辺野古漁港周辺約五ヘクタールを作業ヤードとするために埋立てるから、埋立総面積は約一六〇ヘクタールとなる（七頁の図1）。

辺野古新基地について政府は、同じ沖縄県内の宜野湾市にある普天間飛行場代替施設建設事業と言うが、辺野古新基地は、二本の滑走路（長さ各一八〇〇メートル）だけではなく、係船機能付護岸（長さ二七二メートル。ボノム・リシャール等の強襲揚陸艦が接岸できる）、弾薬搭載エリア、燃料桟橋等、普天間飛行場にはなかった多くの機能を備え持った「新基地」である。

新基地建設の工事期間は、護岸造成や埋立工事に五年、陸上施設建設に五年、あわせて一〇年とされている。

### 護岸工の概要

埋立の外周部には、海面から一〇メートル近い高さの護岸が造成される。護岸工には次の三種類がある。

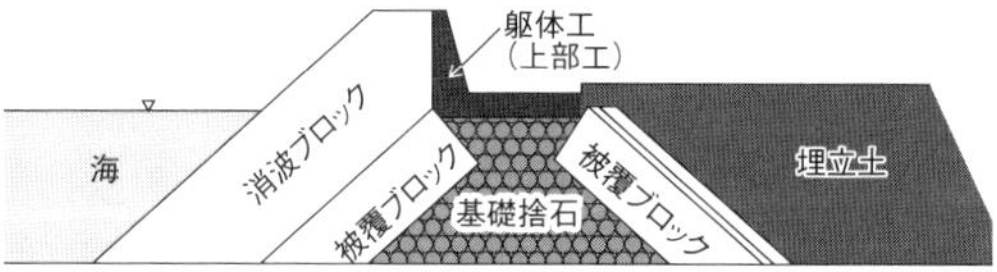


図2　傾斜堤護岸

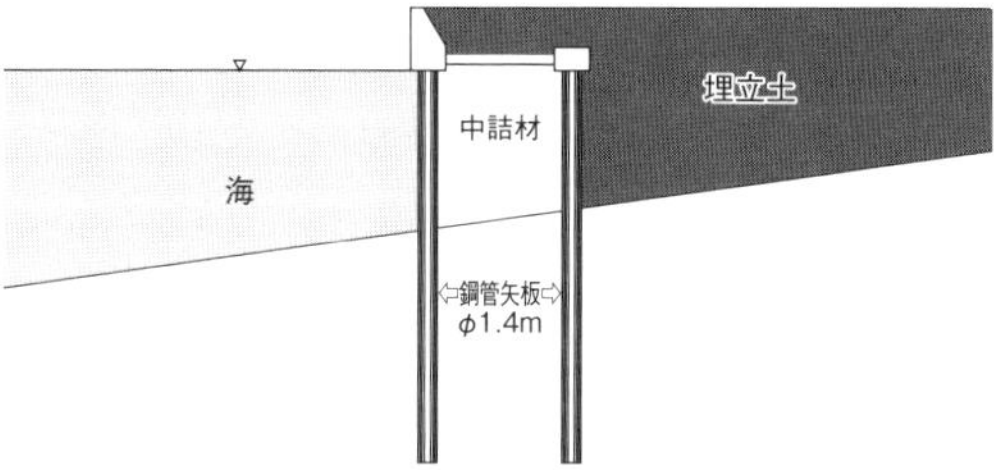


図3　二重鋼管矢板式護岸

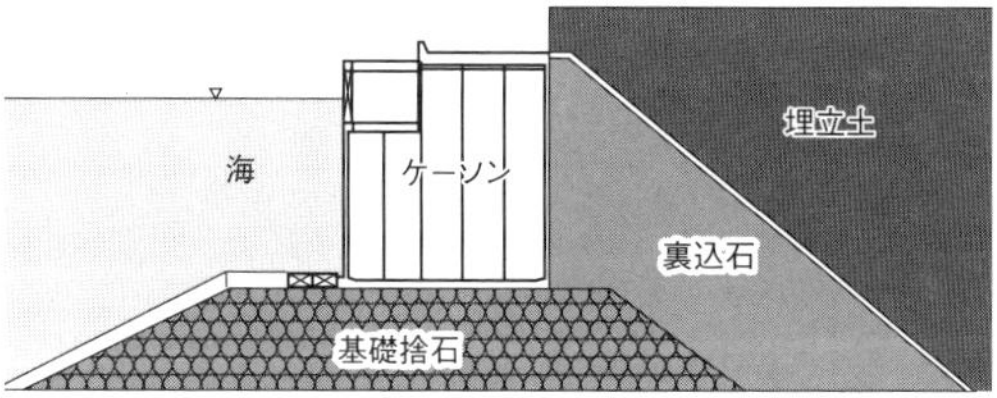


図4　ケーソン護岸

**①傾斜堤護岸**（図2）延長三九一九メートル

浅い海域では、まず下部工として基礎の石材（捨石）を積み、その両側を被覆ブロックで押さえる。その上にコンクリートの擁壁（上部工）を造り、海側に大量の消波ブロック（テトラポッド）を積み上げる。辺野古側の護岸（K1～K8護岸）、大浦湾の最奥部の護岸（K9護岸）等、「K護岸」と記載されている護岸が、この傾斜堤護岸である。

中仕切護岸は、外周部ではなく、埋立区域内部を仕切るための護岸であり、「N護岸」と呼ばれる（N1～N5護岸）。構造は傾斜堤護岸の下部と同じである。

**②二重鋼管矢板式護岸**（図3）延長一九三一メートル

水深がある程度深い海域では、長い鋼管矢板を前後二列にぴったりと並べて打ち込み、その間に浚渫土《しゅんせつど》を入れた護岸を造成する。この護岸では、直径一・四メートル、長さ二四～三三メートルの鋼管矢板が約二七〇〇本使用される。図1のA護岸や中仕切岸壁はこの構造である。二重の鋼管矢板の間には、大浦湾を浚渫した土砂が中詰材として投入される。

中仕切岸壁は土砂の海上搬入の際に、台船の係留岸壁として使用される。

**③ケーソン護岸**（図4）延長一四〇七メートル

水深が六〇メートル近い大浦湾最深部では、基礎部分に厚く石材（捨石）を敷き詰め、その上にケーソンと呼ばれる大きなコンクリートの函を置いて護岸が造成される。図1のC1～C3護岸、係船機能付護岸等がケーソン護岸である。設置されるケーソンは総数三八個にもなる。大型のケーソンは、長さ五二メートル、高さ二四メートル、幅二二メートルという巨大なもので、沖縄では製作することができない。県外で製作し、海に浮かべて船団で大浦湾まで曳航《えいこう》してくる。

ケーソンは、すぐには所定の場所には設置できないため、大浦湾中央部に大量の石材を投下して、三カ所の台座を造成し、ケーソンの仮置場（海上ヤード）とする。

ケーソンの中詰材には、沖縄島周辺の海砂が約六〇万立方メートル使用される。

## 大幅に変更された工事の施行順序

埋立承認願書に記載された工事の施行順序は次頁の図5のようなものであった。

まず、キャンプ・シュワブの外周部（海岸線）に工事用仮設道路を造成する。埋立承認願書では辺野古漁港周辺埋立工事の進入路としての「工事用仮設道路A～C」の造成だけだったが、防衛局は二〇一四年九月、設計概要変更申請を行ない、国道三二九号線から大浦湾に降りる「工事用仮設道路①」、大浦湾沿いの「工事用仮設道路②」、シュワブ南岸部の「工事用仮設道路③」の造成を追加した。

辺野古漁港周辺の埋立は最初の一年で仕上げ、ブロック製作等の作業ヤードとする予定だった。

新基地建設のための埋立は工区を分けて行なわれる（図6）。

この工程によれば、最初に大浦湾最奥部の「①－1工区」で工事を始める。本体工事着工後すぐにA護岸、中仕切岸壁B、続いてK9護岸を着工する。この箇所の埋立は本体工事着工後一二カ月頃から、辺野古ダム周辺の土砂（約二〇〇万立方メートル）を使って行なわれる。またケーソン

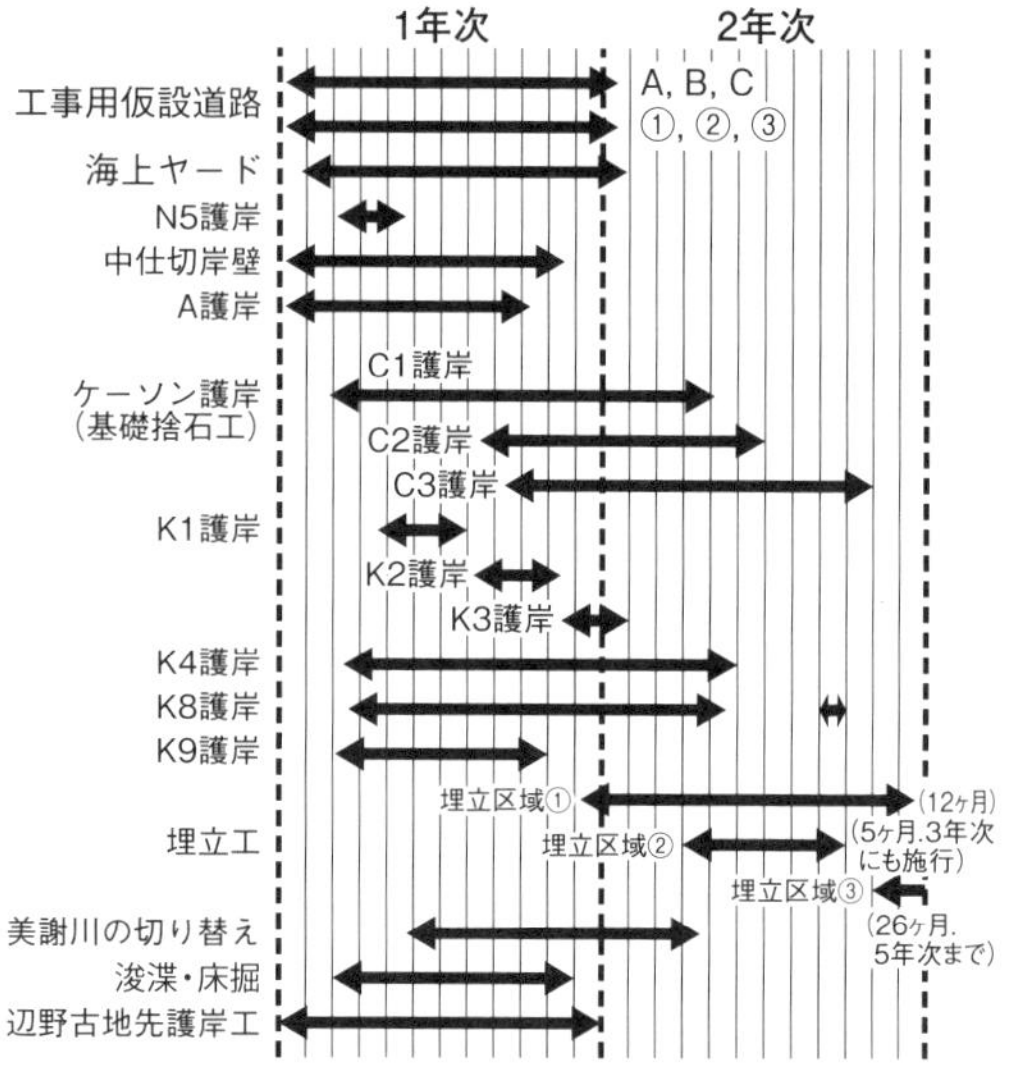


**図5　辺野古新基地の工程表（概略）**
埋立工全工程（5年）のうち当初の2年分

防衛局「設計概要変更申請図書」（2014.9）より作成
（注）護岸工は下部工のみを記載した.ケーソン護岸の上部工は3年次末に完了する.

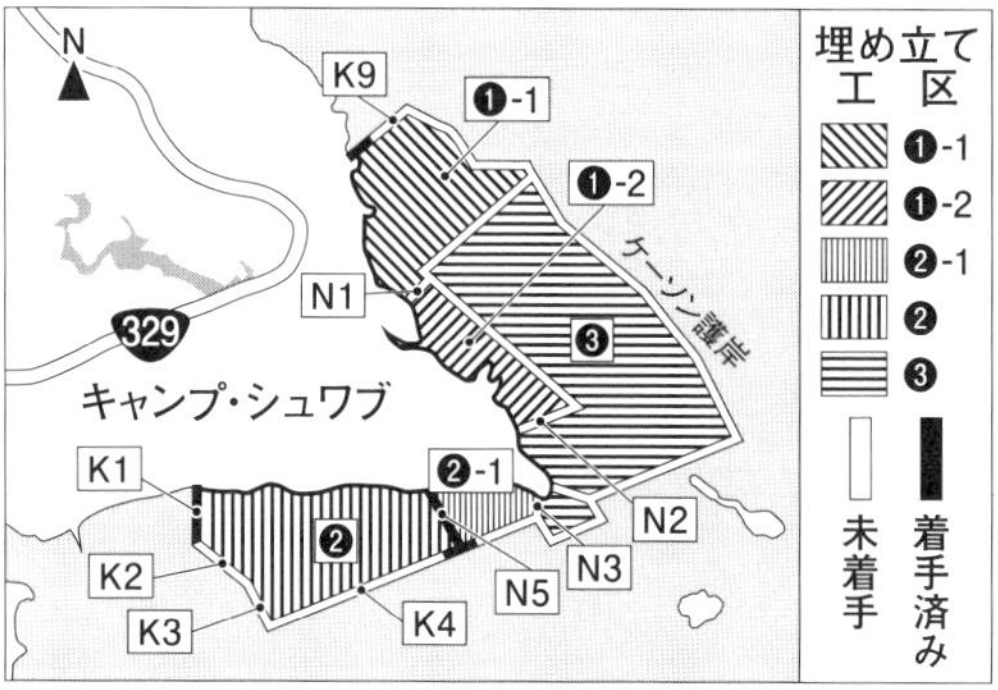


**図6　工区ごとの施行順序**

の仮置場である海上ヤード造成のための石材投下が約一二カ月かけて行なわれる。「①―1工区」の護岸造成に続いて、大浦湾沿岸部の中仕切岸壁A、N2護岸を造成し、「①―2工区」の埋立に入る。この段階で県外と沖縄島からの土砂（約一六四〇万立方メートル）が持ち込まれる。この、「①工区」の埋立には約一二カ月を要する。

辺野古側では、本体工事着工後三カ月目頃からK1～K4護岸、N5護岸、N3護岸等を造成し、一六カ月頃からは「②工区」の埋立が県外や沖縄島からの土砂を使って行なわれる。この工区の埋立には約六カ月を要する。

「③工区」では、本体工事着工後三カ月目頃から、K8護岸工や大量の石材を投下してケーソン護岸の基礎工造成が始まる。この石材投下作業だけでも約二〇カ月を要する。着工後一六カ月目頃から、本土や沖縄内で製作したケーソンを曳航して海上ヤードに仮置きした後、予定地に据え付けていく。そして、着工後二三カ月頃から、「③工区」の埋立に入る。この工区は大浦湾の最深部であり、埋立には約二六カ月を要する。県外や沖縄島からの土砂が搬入されるが、最後にはキャンプ・シュワブの陸域部から約二〇〇万立方メートルの土砂が投入される。

ところが、現在進められている工事は、図5で見た当初の施行順序とは大きく異なっている。当初、防衛局は、まず工事用仮設道路、大浦湾の中仕切岸壁とA護岸造成、辺野古漁港周辺の護岸造成、海上ヤード造成等から始める計画だった。しかし、これらの工事はいずれも未だ着手されていない。まず、水深の浅い辺野古側でのN5、K1～K4護岸造成を行ない、「②工区」の埋立に着手しようとしている。これは、簡単に工事ができる辺野古側での工事を進めて県民に工事の「進捗《しんちょく》」を見せつけ、諦《あきら》めを誘うためであろう。

### 辺野古側での埋立開始の問題点

辺野古側の埋立に用いる岩ズリ（砕石採取後に屑《くず》として残る土砂）は、埋立承認願書の「設計の概要」には、「ガット船で陸揚げする岩ズリ」を使うと記載されている。また、添付の「埋立に用いる土砂等の採取場所及び採取量を記載した図書」（以下、「土砂に関する図書」）にも、沖縄島の本《もと》部《ぶ》・国頭《くにがみ》から海上搬送を行なうとされている。ダンプトラックによる陸上搬送はできないのだ。二〇一八年三月に契約された「シュワブ（H27）埋立工事（一〜五工区）」の設計図書によれば、辺野古側の埋立には一二九万立方メートルもの岩ズリが必要だが、現状では、海上搬送してきても陸揚げ場所はK９護岸しかなく、一日の陸揚げ量はダンプトラック二〇〇台分程度が限度である。全量を海上搬送するためには三年以上かかることとなり、中仕切護岸を造成して栈橋に転用しない限り、いずれダンプトラックによる陸上搬送を実施せざるをえなくなる。しかし、そのためには設計概要の変更、さらに「土砂に関する図書」の変更について、知事の承認が必要となる。

また、現在の外周護岸の造成状況のままの土砂投入には大きな問題がある。

まず、外周部のK４護岸は下部工（基礎捨石、被覆ブロック）の造成が終わっただけで、さらに上部工としてのコンクリート擁壁を造成し、海側に大量の消波ブロックを積み上げる必要がある。現状の高さは、まだ、最終完成高よりも六メートルも低いのだ。

外周護岸がこの高さのままでは、台風時などに高波が容易に護岸を超えてしまう。内側に土砂が投入されておれば、汚濁水がまた外海に流出し、周辺の海は著しく汚濁される(この指摘は、二〇一八年七月の台風襲来時に立証された)。

その後、防衛省は、「現在の基礎捨石の上に仮設のコンクリートブロックを造成し、その上に栗石を入れた袋材を二段設置してから内側に土砂を投入する」と説明した。しかし、それでもまだ最終完成高よりも三メートル近く低く、台風時の高波による被害が危惧される。

そもそも埋立承認願書添付の環境保全図書では、K４護岸等の傾斜堤護岸は、最終完成高まで造成してから内側に目潰し砕石、防砂シート、原付材(岩ズリ)を設置し、土砂を投入すると記載されている。このまま土砂を投入すれば、後述のように知事の承認をえないままの環境保全図書の変更となり、留意事項違反となる。

また、辺野古側の埋立工事の設計図書(「シュワブ(H29)埋立工事」)では、当初、外周護岸の内側に防砂シート等を施工した後、天端幅一五メートルの海砂を設置するとされていた。傾斜堤護岸はゴロゴロとした石材で造成されているため、石の隙間を水が抜けていく。そのため、土砂を投入した際に汚濁水が外に流出するのを防ぐためのフィルター層として海砂を厚く設置する必要がある。防砂シートはあくまでも捨石の隙間から土砂が流出するのを防ぐための「吸出し防止材」にすぎない。同じ国の事業である那覇空港第二滑走路埋立事業でも、同じ構造の護岸では、防砂シートの内側にフィルター層としての海砂を設置している。

ところが防衛局は、契約直後の変更契約で、何故かこの海砂設置を取止めてしまった。このままでは、汚濁防止対策は十分ではない。

## 3　事業の帰趨を握る知事の権限

### 埋立承認の「撤回」――知事が持つ最大の権限

沖縄県知事による埋立承認の「撤回」は、埋立承認の「取消し」が最高裁で敗訴した現在、知事が持つ最大の権限である。

埋立承認の「取消し」は、承認の判断に瑕疵《かし》があった場合に行なわれる。一方、埋立承認の「撤回」は、法令違反などその後の事情の変化によりその効力を持続するのが適当でないと判断された場合や、承認後に生じた事由で国と県の公益を比較し、建設が止まることで国が受ける不利益よりも、県民が受ける公益が大きいと判断された場合などに行なわれる。

「撤回」には、「要件事実消滅型撤回」、「制裁型撤回」、「公益・政策変更型撤回」の三つの類型があると言われている（徳田博人「辺野古裁判の検証と今後の展望と課題」『日本の科学者』二〇一七年四月号）。

公有水面埋立法四条一項は埋立承認の要件として、「国土利用上適正且《かつ》合理的ナルコト」（一号）、「環境保全及《および》災害防止ニ付十分配慮セラレタルモノナルコト」（二号）などをあげている。「要件事実消滅型撤回」は、承認後にこれらの要件が満たされなくなった場合に行なわれる。

また、埋立承認の条件である留意事項を順守していないなどの場合は、「制裁型撤回」となる。

埋立の是非を問う県民投票の結果に基づく「撤回」は「公益・政策変更型撤回」と言える。

なお、県が二〇一八年八月三一日に行なった埋立承認「撤回」は、次の各点を理由とした「要件事実消滅型撤回」、「制裁型撤回」である(県の「承認取消通知書」。詳細は4章、5章参照)。

1　「軟弱地盤」、「活断層」、「高さ制限」、「統合計画の返還の条件」などにより、「国土利用上適正且合理的なること」という公有水面埋立法四条一項一号の要件を充足していない。

2　「軟弱地盤」、「活断層」などにより、「災害防止に付十分配慮」という公有水面埋立法四条一項二号の要件を充足していない。

3　「サンゴ類」、「ジュゴン」、「海藻草類」、「ウミボッス」等の環境保全対策が適切でない、傾斜堤護岸用石材の海上搬入、辺野古側海域へのフロート設置、施行順序の変更等により、「環境保全に付十分配慮」という公有水面埋立法四条一項二号の要件を充足していない。

4　実施設計、環境保全対策の事前協議を行なっておらず、埋立承認の際の留意事項1、2に違反する。

## 公有水面埋立法に基づく設計概要変更申請の承認権

さらに知事には、公有水面埋立法一三条ノ二に基づく設計概要変更申請の承認権がある。

大規模な埋立事業では、何回もの設計概要変更申請が必要になる。今回の事業でも防衛局は、二〇一四年九月、仲井眞知事(当時)に四件の設計概要変更承認申請を行なっている。

政府は、知事の承認が必要となる設計概要の変更は、埋立承認願書本文の「設計の概要」の変更だけで、添付図書の「設計概要説明書」の変更は知事の承認事項ではないと主張する（二〇一八年七月一二日　防衛局から県への回答文書等）。

今回の場合、埋立承認願書本文の「設計の概要」はわずか六頁の簡単なものにすぎない。工事の具体的な説明は添付図書の「設計概要説明書」（全一〇〇頁）に記載されている。知事の承認対象を、本文の「設計の概要」の変更だけに絞れば、この条項はほとんど意味を無くしてしまう。

また防衛局は、知事権限を封じるために、なるべく設計概要変更申請をしない方針だとも言うが（『産経新聞』二〇一六年一二月一二日）、とんでもない脱法行為である。

それでも後述のように、大浦湾の地盤改良、ケーソン護岸の構造変更など、今後、願書本文の「設計の概要」の変更は不可避である。仮に知事の埋立承認「撤回」が裁判で退けられたとしても、知事の設計概要変更申請の承認権限は今後の事業の帰趨《きすう》を握っている。

**埋立承認の際の留意事項に基づく知事との協議事項、知事の承認権**

今回の事業では、埋立承認の際に次のような「留意事項」が付されている。

1　工事の施工について
工事の実施設計について事前に県と協議を行うこと。

2　工事中の環境保全対策について
実施設計に基づき環境保全対策、環境監視調査及び事後調査などについて詳細検討し県と協議を行うこと。なお、詳細検討及び対策等の実施にあたっては、各分野の専門家・有識者から構成される環境監視等委員会(仮称)を設置し助言を受けるとともに、特に、外来生物の侵入防止対策、ジュゴン、ウミガメ等海生生物の保護対策の実施について万全を期すこと。また、これらの実施状況について県及び関係市町村に報告すること。

3　供用後の環境保全対策等について(略)

4　添付図書の変史について

申請書の添付図書のうち、「埋立に用いる土砂等の採取場所及び採取量を記載した図書」、「埋立地の用途及び利用計画の概要を表示した図書」、「環境保全に関し措置を記載した図書」を変更して実施する場合は、承認を受けること。

---

後述するように、留意事項1、2の「協議」は、単なる「質疑応答や意見交換」ではない。また、留意事項4では、「協議」ではなく、「承認」とされていることに注意したい。

**サンゴ類の移植のための特別採捕許可権限**

今回の事業にあたっては、工事着手前に海域のサンゴ類を移植・移築しなければならない。サンゴ類の採捕は、沖縄県漁業調整規則で禁止されており、移植のための採捕も、知事の特別採捕許可が必要となる。

従来から、このサンゴ類の移植・移築のための特別採捕許可は、辺野古新基地建設を阻止するための重要な知事権限と言われてきた。かつて県は、この特別採捕許可の知事権限を、「設計変更の承認申請の審査」や「岩礁破砕許可」と並んで、新基地建設阻止のための知事権限の「Aランク」に位置づけていた（『琉球新報』二〇一六年一〇月二九日）。

### 海底地形改変行為のための岩礁破砕許可権限

漁業権が設定されている海域で、海底の地形を改変させる行為を行なうためには、県漁業調整規則に基づき知事から岩礁破砕許可を受けなければならない。

県の「岩礁破砕等の許可に関する取扱方針」では、「埋立、浚渫、護岸等の構築、消波ブロック等の設置、その他海底を改変させる行為」は岩礁破砕許可の対象と明記されている。また、地質調査等のため海底をボーリングする行為等は「原則として許可を要しない」が、その場合でも、「事前に許可の要不要について知事と協議するものとする」とされている。

これも新基地建設阻止のための決定的手段と言われていたが、後述のように、防衛局は二〇一七年四月、突然、従来の法解釈を一変し、岩礁破砕許可手続をしないまま工事を強行している。

### 赤土等流出防止条例に基づく知事協議

沖縄県には、赤土等の流出を防止し、海の汚濁を防ぐための赤土等流出防止条例がある。一〇〇〇平方メートル以上の土地の形質変更をする場合、知事に事業実施の四五日前までに届出を行なわなければならない。知事はその内容を審査し、計画の変更を命じることができる。

ただし、国の事業については、「届出」ではなく「通知」とされ、知事は「計画変更命令」ではなく、「必要な場合、協議を行なう」ことができるにすぎない。公有水面埋立事業にもこの条例が適用される。今回、防衛局は二〇一八年六月に辺野古側の埋立工事についての事業行為通知書を提出。県は現地への立入調査を行なったが、四五日の期限内に確認済通知書は出していない。

**県外からの埋立土砂搬入に関する土砂条例**

沖縄県では、二〇一五年一一月、県外からの埋立土砂搬入にあたってアルゼンチンアリ、ヒアリ、セアカゴケグモ等の特定外来生物の侵入を防止するために、「公有水面埋立事業における埋立用材に関わる外来生物の侵入防止に関する条例」(以下、「土砂条例」)が施行された。与党県議団の議員提案による条例制定だった。

この条例では、搬入予定日の九〇日前までに混入防除策等を提出させ、知事は立入調査等の結果、埋立用材に特定外来生物が発見された場合、防除の実施または搬入中止を勧告することができる。

ただ、現行の土砂条例には、知事の勧告に従わない場合、「その旨を公表することができる」とされているだけで、罰則規定は設けられていない。土砂条例が制定された際、防衛省幹部は、「土砂条例には罰則がない。ダメだと言われても埋立承認を得ているのだから土砂投入にためらいはない」と言い切ったという(『沖縄タイムス』二〇一五年七月八日)。

土砂条例に実効力を持たせるためにも、罰則規定の追加などの改正が喫緊《きっきん》の課題である。

## 4　相次ぐ違法・違反行為——防衛局工事の問題点

以下、引用文献について、県から防衛局への照会文書は、「〇年〇月〇日　県→防衛局文書」、防衛局から県への回答文書は、「〇年〇月〇日　防衛局→県文書」と記載する。翁長知事の埋立承認撤回処分の「聴聞通知書」に添付された「不利益処分の原因となる事実」(二〇一八年七月三一日)は、「知事撤回理由書」と記載する。

### 設計概要変更申請を行なわない公有水面埋立法違反——工事用仮設道路の変更と施行順序の大幅変更

二〇一四年九月、防衛局は当時の仲井眞知事に設計概要変更申請を提出、「工事用仮設道路①、②、③」の承認を受けた。しかし、その後、施工された道路は許可された内容と異なっている。

二〇一五年一二月からは、大浦湾沿岸部でＫ９護岸への取付道路工事が始まった。この道路は埋立承認願書にもなく、変更承認を受けた「工事用仮設道路①、②」とも合致しない。県の照会に対して防衛局は、「一時的なパネル等の敷設であり、道路工事ではない」と弁明した。しかしこの道路はその後、Ｋ９護岸造成や、陸揚げされた石材の搬送道路として頻繁に使用されており、今後は埋立用土砂の搬送道路となる。「一時的なパネル等の敷設」ではない。

さらに、辺野古側沿岸部で施工された「工事用仮設道路③」も、キャンプ・シュワブからの取付道路の形状が許可の内容と異なっている。

これらは許可を受けた設計概要変更の内容の変更であり、知事の承認を受けなければならない。

また、防衛局は当初の施行順序を大幅に変更し、辺野古側から埋立工事に着手した。埋立承認願書の「設計概要説明書」では、埋立は「①工区」から行ない、その後、中仕切岸壁にガット船を接岸して土砂を陸揚げし、辺野古側の「②工区」の埋立を行なうとされている。辺野古側からの埋立は設計概要の変更であり、公有水面埋立法に基づく設計概要変更申請が必要である。

環境保全図書にも施行順序が詳細に記載されている。施行順序の変更は、海岸地形の変更にともなう潮流の変化など環境にも大きな影響を及ぼすものであり、留意事項4に基づき環境保全図書の変更について知事の承認が必要である。

翁長知事は、この問題を埋立承認「撤回」の事由の一つにした。


**埋立承認の際の留意事項違反――実施設計・環境保全対策の事前協議が行なわれていない**

埋立承認の際の留意事項1、2は、実施設計、環境保全対策の事前協議を指示している。

防衛局は、二〇一五年七月、K1～K7およびK9護岸、N2～N5護岸についての「実施設計、環境保全対策の協議書」を県に提出した。県は、「一部の護岸だけでは環境保全対策の検討ができない」として、全体の実施設計を提出するよう指示をした。しかし防衛局は、「十分な質疑応答や意見交換はなされた」として、一方的に協議の終了を通告してきたのである。

防衛局はさらに、二〇一七年一月、K8護岸、A護岸、中仕切護岸N1、中仕切岸壁A・Bについての「実施設計、環境保全対策の協議書」を県に提出したが、その協議も未だ調《ととの》っていない(ケーソン護岸に関する実施設計はまだ提出されていない)。県は再三、事前協議が調うまでは工事に着手しないよう求めてきたが、防衛局はそれを無視する形で護岸工事を強行してきた。

防衛局は、留意事項1、2の「協議」について、「必ずしも合意まで求めるものではなく、承認を受けた埋立工事の実施を前提として、……質疑応答や意見交換を行なう趣旨である」と主張する(二〇一八年六月二六日　県→防衛局文書等)。

しかし、この留意事項の「協議」はけっして「質疑応答や意見交換」ではない。公有水面埋立法施行令六条は、「知事は埋立の免許に必要と認める条件を付すことができる」としており、埋立の免許には、「一定の期限までの工事の実施設計の認可をうけること」などの免許条件が付くことが前提とされている(建設省埋立行政研究会『公有水面埋立実務ハンドブック』)。

国が埋立の事業主体の場合は、「免許」ではなく「承認」となるが、県は、「承認の際に付した留意事項は、免許の場合における免許条件に準じて付したものであり、免許条件を準用したものであることを鑑《かんが》みれば、当該事前協議は、最終的な実施設計が承認要件に適合するものであるかを確認する趣旨で付した極めて重要なものである」と指摘している(二〇一八年七月一七日　県→防衛局文書)。

翁長知事は、この問題も埋立承認「撤回」の事由の一つにした。

## 護岸造成用石材の海上搬送、K9護岸からの陸揚げは環境保全図書の変更

辺野古新基地建設事業では、傾斜堤護岸、海上ヤード、ケーソン護岸の基礎捨石等で総量約一五〇万立方メートルの石材が必要となる。環境保全図書には、そのうち、傾斜堤護岸の基礎捨石等の石材（約二五万立方メートル）は陸上部からダンプトラックで搬入すると明記されている。

しかし防衛局は陸上搬送だけではなく、二〇一七年一一月には国頭村奥港から、そして一二月からは本部港（塩川地区）から石材の海上搬送を始めた。[1] これは環境保全図書の変更だが、留意事項に基づく知事の承認は得ていない。

工事用ゲート前には連日、多くの県民らが工事車両の進入を阻止しようと座りこみ、工事車両の進入は大幅に遅れていた。焦った防衛局は当初の計画を変更し、石材の海上搬送を打ち出さざるをえなくなったのだ。防衛局は、「当初から海上搬送も想定していた」と開き直ったが、二〇一八年四月になって、「傾斜堤護岸の石材は、当初、陸上搬送を想定していた」と認めた。それでも、「環境監視等委員会で説明した」ので、「留意事項に基づく環境保全図書の変更承認は必要ない」として、県の再三の行政指導にもかかわらず海上搬送を続けている。

また防衛局は、K９護岸の一部を変更して造成、石材の陸揚げ桟橋として使用している。基礎捨石の両側には被覆ブロックではなく石材を網に入れた袋材が置かれ、消波ブロックも規定の半分の重量のものが、本来設置する海側ではなく反対側に置かれている。いずれ本来の構造に戻すためには、やり直しの作業が必要になる。平面形状も当初のK９護岸工とは異なっている。

防衛局はこの構造変更について、「隣接する護岸が完成するまでの間、台風等による高波浪に伴う護岸を構成する基礎捨石の流出などを防止するため、消波ブロックをあくまで仮設物として一時的に設置した」(二〇一七年八月四日　防衛局→県文書)と弁明したが、その後の使用実態を見ても当初から桟橋とするための造成であったことは明らかである。

県は、「K9護岸を桟橋として使用して海上運搬を行なう件について、実施設計及び環境保全対策等について県と事前協議をやり直すこと。また、協議が調うまでは海上運搬を実施しないこと」等の行政指導を再三、続けてきたが、防衛局は無視したまま海上運搬を続けている。

翁長知事は、この問題も埋立承認「撤回」の事由の一つにした。

## サンゴ類の移植を行なわないままの工事強行

埋立開発にともない、サンゴ類の移植が行なわれる事例が多くなっている。しかし、サンゴの移植が十分な効果を持つかどうかについては疑問も多く、けっして環境保全措置とはなりえないと言われている(大久保奈弥「サンゴの移植は環境保全措置となり得ない」『世界』二〇一七年一二月号)。

今回の事業でも、埋立承認願書の環境保全図書は、「事業実施前に、……専門家等の指導・助言を得て、……移植・移築する」と、事業実施前にサンゴ類の移植・移築を行なうとしていた。また、第一回環境監視等委員会でも、サンゴ類の移植を、「着工前に実施する環境保全措置」としていたのである。

しかし防衛局は、二〇一七年七月、環境省のレッドリストで絶滅危惧種に指定されているオキナワハマサンゴ、ヒメサンゴ一四群体を辺野古側で発見したが、県に報告することなく仮設道路工事を続けた。その結果、九月までに一三群体が死滅、県には九月末に初めて報告した。

県は、「留意事項に照らして不適切かつ不誠実」だとして（二〇一七年一〇月二日　県→防衛局文書）、サンゴ類の保全対策について県との協議が調うまで工事を再開しないよう指示したが、防衛局はそのまま工事を続けてきた。防衛局は前述の環境保全図書の記載について、「「事業実施前」に行なうのは、「専門家等の指導・助言」であって、「移植・移築」を事業実施前にするとしたものではない」というとんでもない主張をしている。

翁長知事は「撤回」表明の記者会見で、「サンゴ類を事前に移植することなく工事着工するなど、承認をえないで環境保全図書の記載と異なる方法で工事を実施」したと強く批判している。なお、辺野古側の埋立区域内には、オキナワハマサンゴ一体が残されていた。知事はいったん移植のための特別採捕許可を出したが、県民の強い批判を受け、その延長申請を不許可とした。防衛局は再申請を行なったが、特別採捕許可がなかなか出ないため、埋立区域外からポンプで海水を導入するなどの対策を講じ、開口部を約五〇メートル残すからサンゴの生息環境は維持されるとして外周護岸工事を続行した[2]。

また防衛局は、K４護岸のすぐ外側のヒメサンゴについて、当初、移植のための特別採捕許可を申請していた。しかし知事は、移植先の問題等を理由に不許可とした。すると防衛局は、「汚濁防止枠を多重化するなどの対策を講じる」として、移植せずに工事を進めてしまったのである。

防衛局は当初、サンゴ類の移植時期について、「できるだけ産卵期や高水温期となる五月から一〇月頃までは避ける」としていたが、今回、それも無視されてしまった。

そもそも今回の事業では、移植・移築対象のサンゴ類は、防衛局が設けた基準[3]でも七万四〇〇〇群体以上にもなり、移植期間は九カ月を要するという。二〇一八年六月時点で、約三万九〇〇〇群体のサンゴ類の移植のための特別採捕許可申請が出されている。防衛局は、すべての工事を止め、高水温期が終わり次第、サンゴ類の移植・移築に専念すべきである。

翁長知事は、この問題を埋立承認「撤回」の事由の一つにした。

**海草・藻場、ウミボッス（海藻）の移植も行なわれていない**

辺野古沿岸部は、ジュゴンの餌場として貴重な、周辺海域で最大の海草藻場が拡がっている。ところが防衛局は、埋立予定地の海草藻場を移植しないまま、護岸工事に着手した。

環境保全図書では、「工事の実施において周辺海域の海草藻場の生育分布状況が明らかに低下してきた場合には、……海草類の移植（種苗など）や生育基盤の環境改善による生育範囲拡大に関する方法等を検討し、可能な限り実施します」とされている。ところが防衛局は、「当該環境保全措置は……埋立等の工事の終了後に実施することを前提としたものであり、当該工事の実施に先立ち講じる措置ではない」と開き直っている（二〇一五年一〇月六日　防衛局→県文書）。

埋立によって海草藻場が消失するのであるから、工事の実施前に行なわなければ、移植する海藻類がなくなり、移植は不可能となる。ところが防衛局は、種を陸上で育て海底に植え付ける「人工苗種」とすることを打ち出した。しかし今までにその成功実績はないという。

さらに県は、ウミボッス（絶滅危惧Ⅰ類の海藻）についても、「環境保全図書の記載と異なり、工事着手前に移植を行なっておらず、留意事項に違反する」と批判している（知事撤回理由書）。

翁長知事は、これらの問題も埋立承認「撤回」の事由の一つにした。

## 工事によるジュゴンへの影響――「個体C」が消息不明

大型海獣のジュゴンは、国の天然記念物で、絶滅の危惧が最も高い環境省絶滅危惧ⅠA類に指定されている。沖縄のジュゴンは、世界最北限の生息地であり、保護の必要は極めて高い。

沖縄北部では、二〇〇七年からの環境影響評価調査により三頭のジュゴン（個体A、B、C）が確認されていた。そのうち個体Cのジュゴンは、嘉陽《かよう》沖から宜野座《ぎのざ》沖の東海岸一帯を行き来し、時々は大浦湾にも入っていた。二〇一四年五～六月の調査でも、大浦湾最奥部やシュワブ沿岸部で多くのジュゴンの食《は》み跡が確認されている。しかし個体Cは、二〇一四年九月を最後に東海岸では目撃されなくなり、二〇一五年六月には消息も途絶えてしまった。

防衛局は、二〇一四年八月、大浦湾でフロート設置や海上ボーリング調査に着手した。さらに海上保安庁の巡視船やボートが何隻も走りはじめた時期である。ジュゴンが大浦湾から姿を消したのは、工事の影響と考えるのが当然であろう。

埋立承認の際の留意事項には、「ジュゴン、ウミガメ等海生生物の保護対策の実施について万全を期すこと」とされている。また、環境保全図書では、「工事の実施後は、ジュゴンのその生息範囲に変化が見られないかを監視し、変化が見られた場合は工事との関連性を検討し、工事による影響と判断された場合は速やかに施工方法の見直し等を行なう」と記載されている。しかし防衛局は、工事着手後に大浦湾からジュゴンがいなくなった理由についての考察をしていない。

翁長知事は、「ジュゴン監視・警戒システム」の問題点や、「個体Cが確認されなくなった時期と事業実施海域におけるフロート設置等との影響の有無について、十分検討されていない」(知事撤回理由書)と批判し、埋立承認「撤回」の事由の一つとした。

## 工事施行区域に沿ったフロート敷設の問題点

防衛局は、大浦湾の工事施行区域に沿って、総延長六五〇〇メートルにもなるフロートを敷設した。ところが、埋立承認願書の設計概要説明書には、「工事の施行区域を明示するための浮標灯を設置する」とされているだけで、このようなフロート敷設の記載はない。

しかも二〇一七年からは、海上抗議行動の抗議船やカヌーの進入を防止するために、フロートに鉄の棒とロープが付けられ、まるで鉄柵のようになっている。外れて海を漂うと、航行する漁船にも危険きわまりないものだ。

県は二〇一五年当時から、このフロートを、「ボーリング調査終了後、引き続き本体工事に使用する場合は、留意事項1の事前協議に違反する」として撤去を求めてきた。

また防衛局は、二〇一八年に入ってからは、辺野古側海域の工事施行区域もフロートで囲ってしまった。しかし環境保全図書では、「辺野古側は、汚濁防止膜の設置が海草藻場に損傷を与える可能性があるため、設置しない」とされていた。辺野古側のフロート設置は、環境保全図書の変更であり、知事の承認が必要である。

二〇一八年七月、台風七号が襲来した際、高波で辺野古側のフロートが護岸に打ち上げられ、アンカーが引きずられたため、海底の海草藻場が一一カ所で大きく削られるという災害が発生した。環境保全図書に記載していたとおり、辺野古側ではフロートを設置してはならないのだ。

翁長知事は、この問題についても、埋立承認「撤回」の理由の一つにした。

## 巻き上がる粉塵と白濁する海――石材が洗浄されていない

護岸造成工事の現場では、海に石材を落とすたびに粉塵が巻き上がり、海が白濁している。

環境保全図書では、汚濁を防止するために、「海中に投下する石材は事前に採石場で洗浄する」とされている。防衛局は県に対して、「採石場において、ダンプトラックに積んだ石材の洗浄後の水の透明度が原水と同等となるよう、一五〇秒の洗浄を行っております」と回答している(二〇一七年七月二五日　防衛局→県文書)。しかし、事前に砕石場で十分に洗浄しているのなら、現場で粉塵が巻き上がり、海が白濁することはありえない。

現在、連日のように石材を積んだ多くのダンプトラックがキャンプ・シュワブに入っている。一日に三〇〇台のダンプトラックが使われた場合、砕石場で一台ごとに一五〇秒の洗浄をするためには、一二時間以上の洗浄が必要となる。複数の砕石場を使用したとしても、それだけの洗浄時間をかけることは事実上、不可能であろう。また、洗浄水の処理も追いつかないはずだ。

この問題について、県は再三、防衛局に対して砕石場への立入調査を求めてきた。しかし防衛局は、「砕石場側から……貴県による立入確認及び排水処理施設の能力等が確認できる資料の提出には応じられない旨の回答がありました」、「洗浄の状況を確認するための現地の立入確認の御要望については、そもそも当該立入確認に関する法令等の定めはない」と拒否し続けている(二〇一七年一二月二〇日 防衛局→県文書)。

このような防衛局の姿勢では、環境保全図書に記載された環境保全措置が履行されているかを確認することはできない。石材の洗浄問題についても県の毅然とした対応が求められる。

### 岩礁破砕許可をえないままの海底地形改変行為――県漁業調整規則違反

防衛局は二〇一五年一月末から、工事施行区域に沿ったフロート、ブイを固定するために、最大四五トンのコンクリートブロックを投下した。

海底へのブロック設置は、沖縄県漁業調整規則に基づき知事の岩礁破砕許可を受けなければならない。しかし、二〇一四年八月に出された岩礁破砕許可は埋立区域内に限られており、工事施行区域に沿ったコンクリートブロック設置は許可区域外であった。ヘリ基地反対協議会のダイビングチームが海に潜り、破壊されたサンゴの写真を公表、大きな反響を呼んだ。

県は再三にわたって中止を指示したが防衛局は投下を強行。翁長知事は二〇一五年三月、ブロック投下だけではなく、海上ボーリング調査を含むすべての海底面の現状を変更する行為の停止を指示した。しかし、防衛大臣が行政不服審査請求と執行停止を申立て、それを農林水産大臣が認めるという「茶番劇」で、知事の停止指示の効力は停止されてしまった。

その後、最高裁判決後に工事は再開され、二〇一七年二月には汚濁防止膜設置のために大量の大型コンクリートブロックが投下された。

二〇一四年八月の埋立区域内の岩礁破砕許可は二〇一七年三月末までだった。しかし、政府は従来の解釈を一変させ、「名護漁協が工事施行区域の漁業権を放棄したので漁業権は消滅した」と主張し、岩礁破砕許可の更新を行なわないという強硬策に出た。四月以後、防衛局は岩礁破砕許可のないまま工事を続行したのである。

政府の恣意的な法解釈の変更に県は反発、二〇一七年七月に岩礁破砕行為の差止訴訟を提起した。しかし、二〇一八年三月、那覇地裁は、「裁判所の審判対象に当たらない」として県の訴えを却下した。漁業権の問題についての司法判断は示されていない。

### 違法ダンプトラック問題――市民らが沖縄県警に告発

今回の事業では、石材を運んでくるダンプトラックに多くの法令違反があることが問題となっている。ダンプトラックについては、事故等を防止するために不正改造の禁止（道路運送車両法・道路交通法）や、荷台に表示番号を記載すること（ダンプ規制法）等が義務づけられている。過積載に対する規制も厳しい（道路交通法）。

道路運送車両法が禁ずる不正改造としては、助手席の巻き込み防止窓へのフィルター貼付、最大積載量の不表示、速度抑制装置の不表示、後部反射板未整備、突入防止装置の不備、過積載につながる荷台の「さし枠」設置等がある。

防衛局が発注した工事で最初にこうした違法車両が問題となったのは、二〇一六年の北部訓練場へリパッド工事だった。市民らは所管の沖縄総合事務局に違法車両の写真を示し、指導を要請。

沖縄総合事務局も問題を認め、車両の所有者や防衛局に是正を求めた。当時の稲田《いなだ》朋美《ともみ》防衛大臣も記者会見で、「受注者に対し改善するよう指示をした」と弁明せざるをえなかった。

ところが今回、辺野古の事業でもまた多くの違法車両が使われている。市民らは二〇一七年九月以後三回にわたって、沖縄総合事務局にゲート前や石材を搬出する本部港で撮影した違法車両の写真を示して指導を要請。同事務局は一四三台のダンプトラックについてダンプ規制法、道路運送車両法上の問題を認め、車両の所有者と防衛局に是正を求めた。また、積載オーバーの疑いが強い車両については、沖縄県警に情報提供として写真を送付したという。

沖縄総合事務局の指導にもかかわらず、違法ダンプはなくならない。しかも、市民らがゲート前で沖縄県警の警察官に訴えても、警察官らは逆に市民らを規制し、違法車両をゲートに入れ続ける。市民ら一〇六名は二〇一七年一一月、もう放置できないと沖縄県警察本部に違法車両の所有者、運転者らを道路交通法、道路運送車両法違反容疑で告発に踏み切った。

政府は現在、各省庁をあげて「不正改造は犯罪です」という不正改造撲滅キャンペーンを続けている。違法車両を繰り返し使用している防衛局の責任は大きい。

### 市民らの表現の場を奪い、危険にさらす工事用ゲート前の占用問題

防衛局は二〇一四年七月、キャンプ・シュワブの工事用ゲート前の国道敷に、三角の鋭い突起がついた敷鉄板と鉄柵のゲートを設置した。

国道三二九号線の敷地内であるから、これらの構造物の設置は、道路管理者である沖縄総合事

務局が道路占用を許可している。その占用協議書を見ると、敷鉄板は「泥引き防止装置」、すなわちダンプトラックのタイヤの泥落としだという。しかし、キャンプ・シュワブは広く、どこでも泥落としを設置できるから、あえて国道敷に設置する必要はない。それに、環境保全図書には、現場に「タイヤ洗浄装置」を設置するとされており、国道敷に泥落としを設置する必要などない。

そもそも道路法三三条一項では、「道路の敷地外に余地がないためにやむを得ないものであり、……基準に適合する場合に限り、……許可を与えることができる」とされている。今回の敷鉄板は、「やむを得ない」とは言えず、明らかに道路法に違反した占用許可である。

また、鉄柵のゲートは「鉄板が危険なので仮設ゲートで市民が進入しないため」に設置したと説明している。危険な鉄板を設置しておいて、その鉄板が危険だからゲートを設けるというのだ。

さらに防衛局は、占用許可が出ていない歩道部分を囲いこんで県民の立入りを禁止したり、占用許可のないトンブロックや単管を違法に設置、沖縄総合事務局からの指示で撤去せざるを得なくなったこともある。

その後、何回か占用内容の変更が行なわれたが、防衛局は二〇一八年七月、工事用ゲート前の巨大フェンスを従来よりも国道側に大きく移動させ、さらに歩車道の境界部に交通規制材(水タンク)を設置した。歩道部分はわずか一メートルほどに狭まり、そこに防衛局が雇った警備員が並んでいるものだから、歩行にも支障が生じている。これは、道路構造令では歩道の幅員は車椅子どうしのすれ違いを想定し、二メートル以上とされていることにも違反する。この占用の目的は、「歩行者の安全確保のため」とされているが、市民をさらに車道に追い出す結果となっている。「歩行者の安全確保」というのであれば、これらの占用物件をすべて撤去し、歩道を元の状態に戻すべきである。

防衛局の狙いは、抗議のために集まる市民らの排除にあることは明らかだ。しかし、国道という公共の場での市民らの表現、集会の場を奪うために、このような占用が許されるはずはない。

## 「海上警備業務」の相次ぐ不祥事――問われる防衛局の責任

二〇一七年一一月、会計検査院は、防衛局が発注した辺野古の海上警備業務のライジングサン・セキュリティサービス社（以下、「R社」）との三件の契約額が約一億九〇〇〇万円、積算過大であったという報告書を首相に提出した。

防衛局は業務費の積算にあたってR社だけに見積りを依頼。R社の人件費の見積額は、防衛省が通常採用する公共工事設計労務単価よりも二倍前後も高かったが、防衛省はそのまま採用して予定価格を決定した。その後の一般競争入札もR社だけが応札し、同社が受注した。その結果、落札率（予定価格に対する落札額の割合）は九九・九％にもなっている。これはもう官製談合そのものではないかという批判が相次いだ。

R社は、二〇一四年当初は、仮設工事を受注した大成建設から再委託を受けて海上警備業務を始めたが、二〇一五年からは防衛局から直接受注するようになった。二〇一七年までの四件の海上警備業務はすべてR社が受注し、その契約額は約七〇億円、大成建設を通じて受注した時期を含めると総額は一〇四億円にもなる。一日あたりの警備費が約一一〇〇万円にもなっていた。

その後、R社が大成建設から再委託を受けていた当時、警備員の人数を水増しして不正請求していたことが判明した。不正請求額は七億円を超えている。R社が直接受注するようになってからも、さらに一九億円もの不正請求が行なわれたという。防衛局は、不正判明後、その額を減額したというが、このような不正にもかかわらず、R社との契約を続けてきたことは許されない。

R社の海上警備業務については以前から問題が多数指摘されてきた。海上抗議に参加する船長らの顔写真や個人情報の違法収集、従業員の残業手当未払い、社会保険未加入、警備艇からの廃油の不法投棄などの法令違反が続いている。発注者としての防衛局の責任が問われている。

**「御用機関」となった環境監視等委員会**

二〇一四年四月、防衛局が有識者で立ち上げた環境監視等委員会は、埋立承認の際の留意事項に基づいたものである。

しかし、運営要綱では「環境監視等委員会は、……事業を円滑かつ適正に行なうため、……科学的・専門的助言を行なう」と位置づけられている(傍点は引用者)。実際の議事でも、「施設建設の可否自体は我々の判断ではない」(第一回)、「ご専門の立場で各委員のお考えを述べられて、最終的な判断は事業主で判断されることで、各委員の責任外と認識している」(第四回)というような無責任な姿勢での議論が続いてきた。

当初は議事録も非公開とされていたが、環境団体らの抗議で公開されるようになった。しかし今も発言者名は伏せられたままである。

特に大きな問題となったのが、複数の委員が、移設事業を受注した業者から多額の寄付・報酬を受けていた事実である。委員会の公平性、信頼性が根底から崩れたと強い批判がわき上がった。東清二副委員長は、「委員会は(基地建設を進めるという)結論ありきで、専門家のお墨付きをもらうための意味がないものだ」(『沖縄タイムス』二〇一五年三月一二日)と委員会を批判し、辞意を表明してきた。二〇一八年四月に他の二人の委員とともに辞任したが、その際にも、「大事なことは調査せず、はんこだけで実施している委員会だ。何の意味もない」、「とにかく軍事基地を造ることありきというのが嫌だった」(『琉球新報』二〇一八年四月二〇日)と批判している。

環境監視等委員会は、「推進ありき　機能不全」(『沖縄タイムス』二〇一八年八月三日)に陥っている。当初は「避ける必要がある」としていた高水温期のサンゴ類の移植、成功実績のない海草藻場の「人工苗種」を、「妥当」としてきた。また、前述の様々な防衛局の留意事項違反行為の多くは、「環境監視等委員会にお諮《はか》りしたところ、特段の指導・助言がありませんでした」ということで、知事への環境保全図書の変更申請は必要がないとして強行されてきた。「特段の指導・助言がなかった」ことは、委員会がその機能を果たしていないということではないか。

沖縄県も、埋立承認の留意事項として発足を指示した環境監視等委員会が、その趣旨どおりの役割を果たしているかを検証しなければならない。

**注**

(1)国頭村奥港からの石材搬出について県は二〇一七年九月、港湾使用許可を出してしまった。しかし防衛局は、地元住民らの強い抗議の前に、一度、使用しただけで、その後の更新手続を見送っている。

本部港（塩川地区）からの搬出は続いており、本部町島ぐるみ会議を中心とした抗議行動が連日、取り組まれている。本部港も県所管の港湾であるが、県は、条例により港湾施設使用許可の事務手続を本部町に移譲しているとして、辺野古への石材搬出を事実上、黙認している。

（2）ところが県は、二〇一八年七月一三日、この特別採捕許可申請を承認。駆けつけた市民らが、「何故、移植は適切ではないとする高水温期の移植を認めるのか」と、五時間にわたって抗議を続けたが、県はそのまま許可を出してしまった。

（3）防衛局が設けたサンゴ類の移植・移築の基準は、水深二〇メートル以浅の範囲であることや、小型サンゴ類は総被度五％以上で〇・一ヘクタール以上の規模を持つ分布域の中にある長径一〇センチメートル以上のもの、大型サンゴ類であれば、単独でも長径一メートル以上のものなどである。環境団体からは、この基準そのものへの批判が出されている。

## 5　八方塞がりに陥った防衛局——知事の権限で工事は頓挫する

### 大浦湾には活断層が——直下型地震や津波の恐れ

大浦湾の海底部には活断層の存在が指摘されている。

防衛庁(当時)が普天間飛行場代替施設に関する協議会(二〇〇〇年一〇月)に提出した「推定地層断面図」には、大浦湾海底部の約六〇メートルの落ち込みについて、「断層によると考えられる落込み」と記載されていた。加《か》藤《とう》祐三《ゆうぞう》琉球大学名誉教授らは、この「落込み」について、「活断層と推定される」と指摘している。

辺野古沿岸部付近の陸上部には、辺野古断層と楚久断層が走っている。『名護・やんばるの地質』(名護博物館)では、この二つの断層を「活構造」に分類しており、活断層研究会の『新編 日本の活断層』(東京大学出版会)では、これらの断層を「陸上活断層——活断層の疑いのあるリニアメント(確実度Ⅲ)」としている。これらの断層の延長上の大浦湾に、防衛庁が示した「落込み」が重なっているのだ。

政府はこうした指摘に対して、「既存の文献によれば、辺野古沿岸域における活断層の存在を示す記載はないことから、……活断層が存在するとは認識していない。このため、辺野古沿岸域における海底地盤の安全性については、問題ないものと認識している」(圏点は引用者)と弁明してきた。

防衛省は、二〇一七年一二月、環境団体との交渉の際、この「既存の文献」は、『活断層データベース』(産業技術総合研究所)と、『活断層詳細デジタルマップ』(東京大学出版会)であることを初めて明らかにした。しかし、両文献とも、「活断層は存在しない」と断言したものではない。

そもそも、「既存の文献」を持ち出すまでもない。防衛局は二〇一四年以降、毎年のように海上ボーリング調査を続けてきた。防衛局は活断層の存在を否定するのであれば、これらの土質調査や音波探査のデータをすべて提出し、科学的に説明する責務がある。

前掲『名護・やんばるの地質』の著者である遅沢壮一《おそざわそういち》東北大学講師は、今までに公開された土質調査、音波探査のデータを検討し、「大浦湾の海底谷地形は辺野古断層である。同断層は二万年前以降に繰り返し活動した、極めて危険な活断層である」と指摘している(知事撤回理由書)。

活断層の上に、大量の燃料、弾薬や化学物質を扱う軍事施設を建設できないことはいうまでもない。直下地震や津波が発生すれば、その被害や環境破壊は想像を絶するものとなる。辺野古新基地の立地条件そのものが根底から問われているのだ。

翁長知事は、この問題も埋立承認「撤回」の事由の一つにしている。

### マヨネーズのような超軟弱地盤——埋立承認「撤回」の最大の事由

二〇一八年三月、筆者らの公文書公開請求に対して、二〇一四年度からの二件の土質調査(「シュワブ(H25)土質調査」、「シュワブ(H26)土質調査」)の報告書が初めて公開され、驚愕の事実が判明

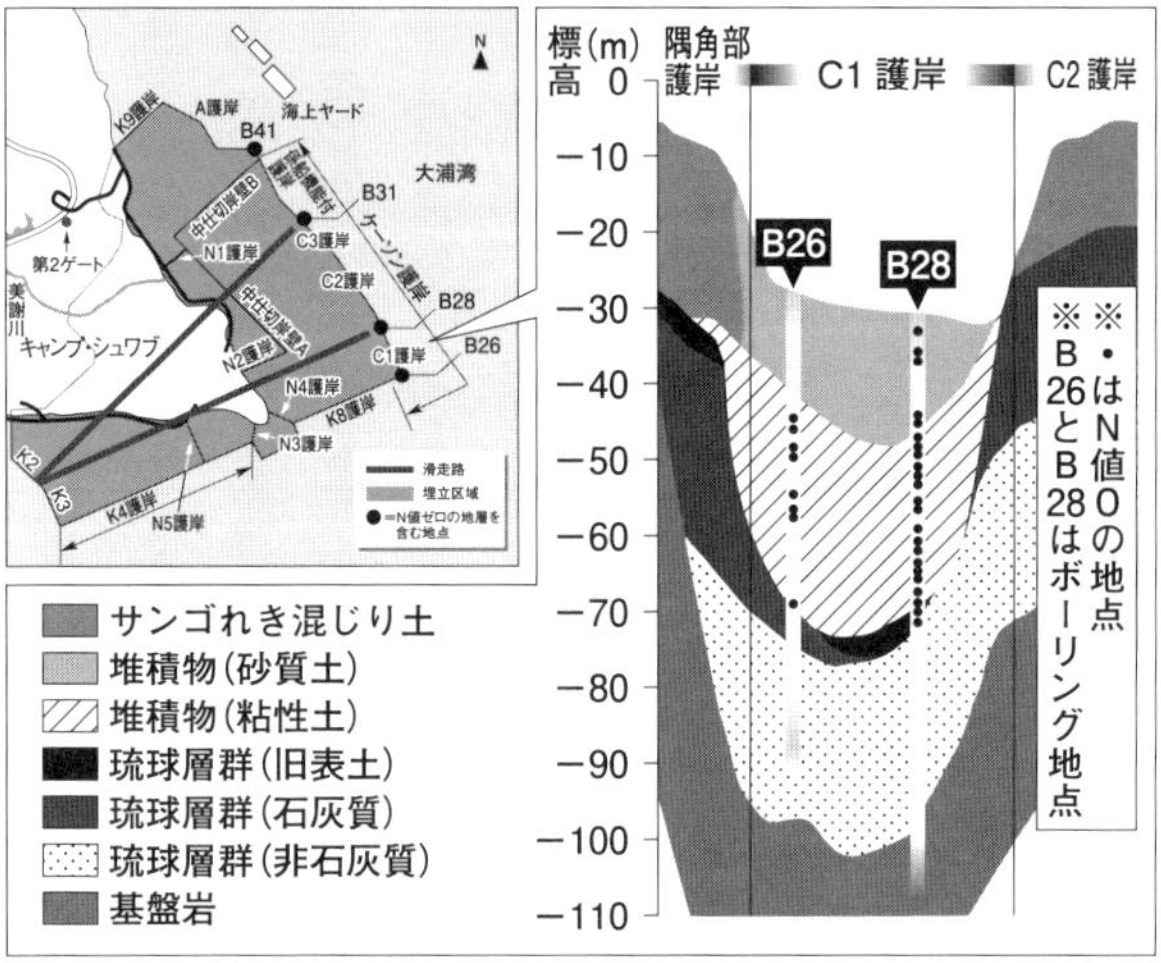


図7　辺野古新基地の全体図と軟弱地盤

した。

大浦湾のケーソン護岸設置箇所の水深三〇メートルの海底に、厚さ四〇メートルにもわたってほとんどN値ゼロという超軟弱地盤が拡がっていたのである。C1護岸部のB28、B26地点は特に深刻だが、北側のC3護岸部のB36、B41地点でもN値ゼロの地層が確認されている(図7)。この調査報告書は、二〇一六年三月に出されていたが、防衛局は二年間、その事実を公表してこなかった(図1参照)。

N値とは、標準貫入試験でボーリング調査の掘削孔にサンプラー(試験杭)を設置し、七五センチメートルの上から重さ六三・五キログラムのハンマーを落下させて、サンプラーを三〇センチメートル打ち込むのに必要な打撃回数である。N値が大きいほどその地盤は強固ということになる。大型構造物の基礎としてはN値五〇以上が必要と言われている。今回のN値ゼロという調査結果は、サンプラーをセットしただけでズブズブと地中に沈んでしまったことを示している。まるで「マヨネーズのような超軟弱地盤」（鎌尾彰司・日本大学准教授）なのだ。

すでに述べたように本事業で設置されるケーソンは総数三八個。大型ケーソンの重量は七〇〇〇トン以上にもなる。基礎の捨石は、最大二〇〇キログラムの大きな石材だが、N値ゼロの地盤に置いたとたん、そのまま四〇メートル下まで沈んでしまう。ケーソン護岸や基礎捨石を現状の計画のまま造成・設置することは不可能である。

この調査結果は、前記ボーリング調査の報告書でも「当初想定されていない地形・地質」とされているように、防衛局にとってもまったく想定外のものであった。

当初のケーソン護岸の設計条件は、「厚さ一五メートルの沖積層（砂層）、N値一一」、「基礎地盤については、砂・砂《さ》礫《れき》層が主体であり、長期間にわたって圧密沈下(4)する軟弱な粘性土層は確認されていない」とされていた（埋立承認願書の設計概要説明書、環境保全図書）。当初の設計条件がまったく誤っていたこととなり、設計の全面的なやり直しが必要となっている。

このため前記報告書でも、「構造物の安定、地盤の圧密沈下、地盤の液状化(5)の詳細検討が必須である」と結論している。基礎地盤の広範な地盤改良、ケーソン護岸の大幅な構造変更が不可欠なのだ。

このように軟弱な海底地盤を改良するには、大量の砂杭を打ち込むサンドコンパクションパイル工法等が考えられる。しかし、水深も深いことから極めて難工事となり、膨大な費用と長い工期が必要となる。さらに問題は、工事が技術的に可能かどうかということだけではない。貴重な自然環境を有する大浦湾で、このような大規模な地盤改良工事を実施すれば、環境に致命的な影響を与えるだろう。

また、問題はケーソン護岸の基礎地盤だけではない。前記報告書の「沖積層の柔らかい粘性土～緩い砂質土層等厚線図」によれば、護岸内側の埋立区域にも厚さ四六メートルもの軟弱地盤が拡がっている。海底の地盤改良は、ケーソン護岸の基礎地盤だけではなく、護岸内側の埋立区域一帯でも広範囲に実施する必要があると思われる。

翁長知事は、「知事撤回理由書」で、次のように指摘している。

「仮に軟弱地盤改良工事により本件埋立事業を遂行することができたとしても、深い海底に厚い軟弱地盤の層が存在しているため、地盤改良工事により生じる濁りの拡散を防止することは不可能であり、一旦濁りが拡散すれば、……代替性のない貴重な自然環境を脅かすこととなる。さらに水深数十メートルの海底に、数十メートルの厚さの軟弱地盤が存在しているのであるから、大規模な軟弱地盤改良工事を行なうならば、本件埋立事業はこれからどれだけの長い年数を要するのか見当をつけることもできない」

基礎地盤改良工事やケーソン護岸の構造変更は、埋立承認願書の「設計の概要」の変更であるから、公有水面埋立法に基づく知事の承認が必要となる。知事が承認しない場合、辺野古新基地建設は完全に頓挫するのだ。

この点について政府は、「地盤の強度等につきましては、標準貫入試験のみならず、現在も引き続き、……さらなる室内試験を含みますボーリング調査等を行なっているところです。このボーリング調査の結果だけでは地盤の強度を正しく判断できる段階にはありません」（二〇一八年三

月一二日　衆議院安全保障委員会）と弁明している。軟弱地盤の存在を認めれば、知事への設計概要変更申請が必要となるので、知事が今後の新基地建設事業の帰趨を握っていることが明らかになってしまう。少なくとも知事選までは、このまま「調査中」として逃げ続けるのであろう。

知事は、「（軟弱地盤のために）護岸の倒壊等の危険性は否定できない」、「かかる軟弱地盤の上に護岸を構築すること自体に人の生命・身体等に対する重大な脅威が認められる」（知事撤回理由書）、「殊更《ことさら》にこのことを隠したまま着工して工事を強行してきた」（二〇一八年七月一二日　県→防衛局文書）などと強く批判し、軟弱地盤問題を今回の埋立承認「撤回」の大きな事由とした。

## 軟弱地盤問題の徹底追及のために

防衛局は、公開した二件の土質調査以後も、「引き続き、ボーリング調査を行なっている」と説明したが、それは、「シュワブ（H26）ケーソン新設工事（一工区）」等の三件の護岸工事契約に含まれている土質調査である。大型調査船「ポセイドン」等による大規模な土質調査も行なわれた。いずれも工期は、二〇一五年二月から二〇一九年三月末までとされている。

筆者は二〇一八年五月、軟弱地盤の実態を追及するため、防衛局に対して、これらの土質調査の資料についても公文書公開請求を行なった。ところが防衛局は、これらの文書は「不存在」だとして不開示決定を行なったのである。以前、県がこれらの資料の提出を求めたが、防衛局は「現在、調査実施業者において作成中であり、当局として未だ受領していないことから、現時点においては、お示しすることはできません」と回答している（二〇一七年九月一二日　防衛局→県文書)。今回の「不存在」も同じ理由であろう。

しかし防衛局はすでに四件の業務でケーソン護岸の実施設計に着手している。そのうち三件の業務は完了しており、現在、実施中のものも二〇一九年三月までには終了する。

実施設計にあたっては、防衛局から基礎地盤の土質条件(各土層の層厚やN値等)を与えなければ受注者は設計に着手できない。ケーソン護岸の実施設計がすでにほとんど終わっているということは、防衛局が、公開した二件の報告書以後の土質調査の資料を保有し、それを実施設計の受注業者に渡したことを示している。「不存在」はありえないのだ。

そのため筆者は七月、国を相手に、防衛局の不開示決定処分を取消し、開示を求める訴訟を提起した。この裁判ですべての資料を開示させ、軟弱地盤問題の全容を明らかにしたい。

軟弱地盤の問題は、翁長知事の埋立承認「撤回」の最大の事由とされているが、防衛局にとっても解決困難な難問である。

## 飛行場周辺の高さ制限問題——新基地の立地条件そのものが問われている

二〇一八年四月、辺野古新基地周辺の多くの建造物が、米国防総省の飛行場設置基準の高さ制限を超えていることが明らかになった(『沖縄タイムス』二〇一八年四月九日)。

米軍が運用する飛行場については、米国防総省の飛行場にかかわる計画及び設計についての「統一技術基準」が適用される。この基準では、滑走路から半径二二八六メートルの範囲の高さ制限が四五・七二メートルとされている。辺野古新基地の滑走路は標高約八・八メートルなので、周辺の高さ制限は標高五四・五二メートル強となる。

しかし、辺野古新基地では、この範囲にある国立沖縄工業高等専門学校、辺野古弾薬庫、久辺《くべ》小・中学校や辺野古区・豊原区の多くの集落、さらに沖縄電力および通信事業者の多くの鉄塔などが、この高さ制限を超えているのだ。

この問題が報じられて以降、国会等でも追及が続いた。しかし政府は、「米側と調整を行なっており、高さ制限の適用は除外される」、「離陸、着陸のいずれも周辺集落上空を通過するのではなく、基本的に海上とすることで日米間で合意している」などの弁明を繰り返している。

ところが防衛局は、沖縄電力および通信事業者の鉄塔については、二〇一五年以降、「高さ制限に抵触する工作物は移設が必要」(二〇一五年八月一一日　沖縄電力への依頼文書)として、移設・撤去の依頼協議を行なっている。弁明との矛盾は明らかである。

また、沖縄では米軍機が飛行経路を守らないことは常態化している。そもそも、今回の埋立承認願書添付の環境保全図書でも、「気象、管制官の指示、安全、パイロットの専門的な判断、運用上の所要等により、場周経路から外れることがあります」と明記しているのだ。

当初、辺野古沖合の軍民共用空港案では、辺野古集落までの距離は二・二キロメートルであり、高さ制限の問題はなかった。それが二〇〇六年、政府の思惑で沿岸部にV字形滑走路を建設する現在の計画に変更された。そのため、高さ制限に抵触することとなったのだが、政府は今までその事実を関係者にまったく説明してこなかった。

また防衛局は、高さ制限を超えるすべての建造物の詳細とその標高を明らかにせよという要請にもいっさい応《こた》えていない。そのため「オール沖縄会議」は、二〇一八年六月、水準測量を実施して周辺の地盤、建物の高さを測定した。沖縄高専の建物は、標高五九〜七〇メートルと高さ制限を大きく超えていることは報道されていたが、今回の測量の結果、久辺小・中学校、郵便局、豊原地区会館等だけではなく、辺野古・豊原地区の約七五戸の民家・商店、四戸のマンション（計一四二室）等も高さ制限を超えていることが明らかになった。

沖縄高専には九二一名もの学生・教職員、久辺小・中学校には二三四名の児童・生徒が在籍している（二〇一八年度）。鉄塔移転の必要性は認めながら、これらの多くの学生、児童・生徒、そして多くの住民の安全を無視する国の二重基準は許されない。翁長知事はこの問題についても、「周辺住民らの生命・身体・財産等に重大な脅威を与える」（知事撤回理由書）として、撤回事由の一つにあげている。

辺野古新基地は、立地条件そのものが今、問われているのだ。

**米軍に那覇空港を提供しなければ普天間は返還されない！**

米軍普天間飛行場は、二八〇〇メートルの滑走路を有しているが、辺野古新基地では両端のオーバーラン部分（各三〇〇メートル）を含めても一八〇〇メートルの滑走路二本の計画である。

二〇一三年、日米両政府が合意した「沖縄における在日米軍施設・区域に関する統合計画」には、米軍普天間飛行場の返還条件の一つとして、「普天間飛行場代替施設では確保されない長い滑走路を用いた活動のための緊急時における民間施設の使用の改善」とされている。

また、米政府会計検査院の二〇一七年四月の報告書は、辺野古新基地は滑走路が短いため、固定翼機の訓練や緊急時に使用できる空港として、県内一カ所を含む国内一二カ所を確定するよう指摘した。県内の一カ所については明らかにされていないが、三〇〇〇メートルの滑走路を持つ那覇空港ではないかと言われている。

この点について、当時の稲田防衛大臣は、二〇一七年六月六日、一五日の参議院外交防衛委員会で、「(緊急時の民間施設の使用の改善について)米側との調整が整わなければ、返還条件が整わず、普天間飛行場が返還されないことになる」と繰り返し言明した。辺野古新基地が建設されても、緊急時には那覇空港を米軍に使用させなければ、普天間飛行場は返還しないというのである。

政府が繰り返し主張する「普天間の危険性除去のため、辺野古埋立が必要」という根拠が根本から否定されることとなる。

翁長知事はこの問題について、「大きな衝撃をもって受け止めている」と政府への不信感をあらわにしたが(二〇一七年七月二五日　県議会答弁)、今回の埋立承認「撤回」事由ともしている。

**県外からの埋立用土砂搬入の問題点――特定外来生物の駆除ができない**

辺野古新基地建設事業では、埋立のために約二一〇〇万立方メートルの土砂が必要となる。そのうち約一六四〇万立方メートルが岩ズリで、沖縄島(本部・国頭)と西日本各地から持ち込まれる。前述のように、沖縄県では、県外からの埋立土砂搬入にあたっては、アルゼンチンアリ、ヒアリ、セアカゴケグモ等の特定外来生物の侵入を阻止するために土砂条例が制定されている。

土砂条例の最初の適用例となったのは、二〇一六年の那覇空港第二滑走路埋立事業での奄美大島からの石材搬入だった。条例に基づく沖縄総合事務局の届出書では、「特定外来生物は確認されていない」とされていたが、県が立入調査を行なったところ、すべての砕石場と搬出港でハイイロゴケグモ等の特定外来生物が見つかった。そのため県の指示により、ダンプトラックに石材を積み込んだ後、シャワーで一二〇秒間洗浄する等の対策が講じられた。

石材であれば十分に洗浄すれば、特定外来生物はある程度除去できるかもしれない。しかし、岩ズリは大部分が土砂であるから、洗浄すればほとんど流れてしまう。そのため、どのような駆除策を行なうのかが大きな問題となっていた。

二〇一七年一二月、防衛省は環境団体との交渉の場で、「現在、セアカゴケグモ、アルゼンチンアリ等の特定外来生物を飼育し、一定時間高温処理を行なって生死を確認する試験を行なっている」と初めて明らかにした。その後、入手した業務計画書では、「特定外来生物に対する実験」として、「動物類についてはセアカゴケグモ、アルゼンチンアリを飼育し、処理温度一〇〇度、処理時間一分の高熱処置を行なって効果を観察する。植物類については、高熱処置、燻蒸《くんじょう》処理、塩水（海水）処理等を行なって効果を観察する」とされていた。

防衛局がこのような実験を始めたということは、岩ズリの場合、洗浄では特定外来生物を除去することはできないことを認めたことを意味している。しかし、これだけ大量の岩ズリを高温処理することは、時間的にも費用の面でも不可能である。埋立土砂に特定外来生物が発見された場合、その地域からの土砂搬入をすべて中止する以外に術《すべ》はない。

このように、県外からの埋立用土砂の搬入問題も、大きな壁にぶつかっているのである。(6)

## 名護市長は代わったが、なおも多くの課題――美謝川の切替え問題

防衛局が直面していた難問の一つが、辺野古ダムから大浦湾に流れ込んでいる美謝川の切替え問題であった（図８）。美謝川の河口部は、最初に埋立が行なわれる工区に流れこんでいるため、まず、美謝川を切替えなければ埋立工事に着手できない。

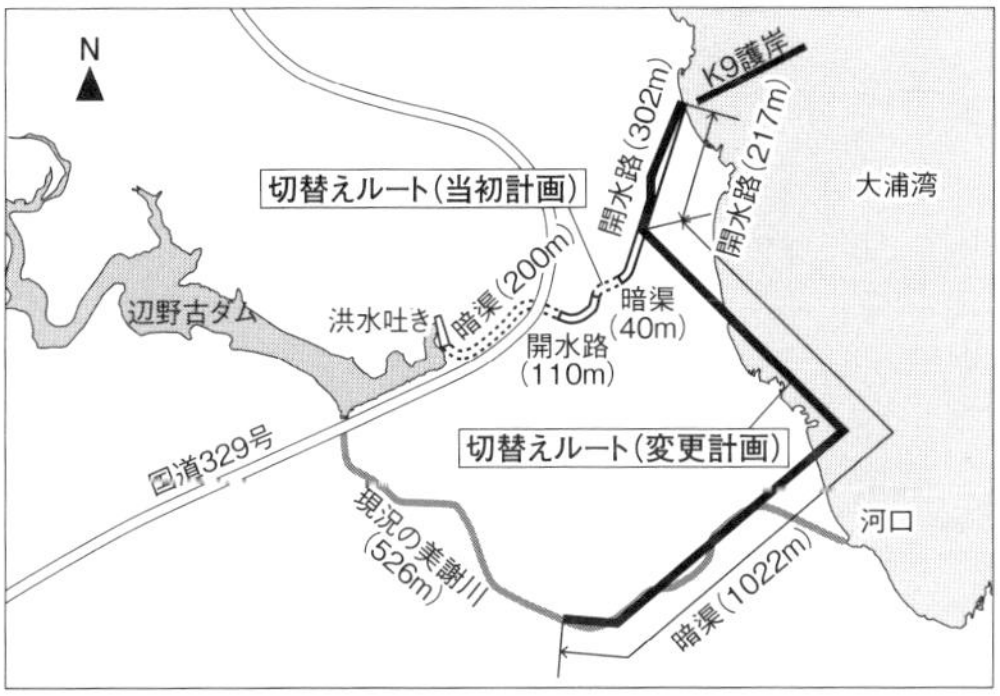


**図８　美謝川の切替計画**

出典：沖縄防衛局「設計概要変更申請書」(2014年9月) より作成

そのため埋立承認願書では、辺野古ダムの支流を利用し、キャンプ・シュワブの第二ゲート付近で国道三二九号線を暗渠で横断してＫ９護岸の奥まで新しい水路を造成するとされていた。しかし、辺野古ダムの利用のためには、名護市法定外公共物管理条例に基づき、名護市長との協議が必要となる。防衛局は二〇一四年四月に協議書を提出したが、同年九月に取下げてしまった。

そして防衛局は、現在の美謝川の上流部をそのまま残し、下流部の飛行場部分をすべて暗渠（延長一〇二二メートル）にするという設計概要変更申請を仲井眞知事（当時）に提出した。しかし、この変更計画には、環境面からの疑問が多く出されて承認が得られず、防衛局は、二〇一四年一二月、

この変更申請を取下げざるを得なかったのである。

今回、名護市長が代わったことから、今後、名護市との協議が進むのではないかと言われている。しかし、防衛局は変更申請を取下げた際、「改めて、美謝川下流域を現状のまま残すことを前提とした切替えルートの変更について、設計概要変更申請を行なう考えです」と明記しており(二〇一四年一二月四日　防衛局→県文書)、市長が代わったからといって当初の計画に戻すというのは説明がつかない。

また、当初の計画では、国道三二九号線に暗渠を造成する必要があるが、その工事のためには、国道三二九号線を長期間、片側通行としなければならない。現在でも一日に四〇〇〇台以上の工事車両の通行で渋滞している国道を、さらに長期にわたり片側通行とすることは難しい。

けっきょく、美謝川の切替え問題は、名護市長が代わってもそう簡単には進まない。

さらに名護市長の権限に属するものとして、辺野古ダム周辺からの土砂運搬や辺野古漁港周辺の作業ヤード埋立問題がある。

当初の計画では、辺野古ダムの上にベルトコンベアを設置してダム周辺の土砂を大浦湾に運ぶ予定だった。しかし、これも名護市長との協議が必要であることから防衛局は計画を変更。国道をダンプトラックで搬送するとした設計概要変更申請を出した。しかし、やはり承認が得られそうもないため、取下げてしまった。

また、埋立承認願書では、辺野古漁港東側の浜や辺野古川の河口部を埋立て、護岸工のブロック等を製作・保管するための作業ヤードを造成する計画となっていた。しかし、漁港に工作物を設置するためには、名護市漁港管理条例に基づく占用許可が必要となる。防衛局は二〇一四年四月、いったん名護市に申請書を提出したが、その後、防衛局はなぜか手続を止めてしまった。

今回、名護市長が代わったことにより、辺野古ダムへのベルトコンベア設置、辺野古漁港周辺の埋立計画が復活する可能性がある。ただ、どちらの計画も問題を抱えており、順調に進むかどうかはわからない。

### 諦めを拒み、工事を頓挫させる

二〇一八年八月一一日、那覇市で、「辺野古新基地建設断念を求める県民大会」が開催された。台風が近づき、雨が断続的に降り続く生憎の天候だったが、会場は七万人もの参加者で溢れた。大会は、土砂投入を許さないために計画されたものだったが、三日前に急逝した翁長知事を偲ぶ追悼の場となった。翁長知事の壮絶な死によって、県民の間には、知事の遺志を引き継ぎ、なんとしても新基地建設を止めるのだという空気が拡がっている。

県は八月三一日、ついに埋立承認の「撤回」に踏みきった。しかし、政府は、執行停止その他の手段で「撤回」の効力を停止させ、工事の再開を狙っている。「撤回」をめぐる裁判の結果も厳しいものが予想される。しかし、私たちは諦めることはない。一方では政府も、軟弱地盤問題等、多くの難問に直面しており、事業の展望が持てない状況にあるのだ。

秋の知事選で、翁長知事の路線を継承する新知事が選出されれば、設計概要変更申請の承認権等の知事権限を行使することにより、辺野古新基地建設事業を止めることができる。たとえ、政府の言いなりになる知事が誕生したとしても、軟弱地盤等の問題を解決することは極めて難しい。また、県民投票で圧倒的な新基地反対の民意を示し、今度は「公益・政策変更型撤回」をするという方法もある。「撤回」の事由がまったく異なるので、再度の「撤回」も可能だ。

何よりも県民がけっして諦めないこと。そうした県民の強い意志がある限り、辺野古新基地建設は必ず頓挫する。

**注**

(4)「圧密沈下」とは、水を含んだ軟らかい粘性土が、荷重がかかったことにより、除々に土中の水が抜けていき、沈下していく現象

(5)「液状化」とは、地下水位の高い場所で緩く堆積した砂地盤が地震で激しく揺られ、一時的に液体のように軟らかくなる現象

(6)この問題については、西日本各地の土砂搬出予定地で高まっている住民らの運動が注目される。辺野古への土砂搬出が予定されている一二県の一八団体は、「どの故郷にも戦争に使う土砂は一粒もない」として、「辺野古土砂搬出反対全国連絡協議会」を組織し、活発な運動を続けている。

**〈第二刷　追記〉**

九月三〇日に投開票された沖縄県知事選は、故翁長前知事の遺志を継ぐ玉城デニーさんが相手候補に八万票もの大差をつけて圧勝した。

しかし政府は一〇月一六日、本来、国は使えないはずの行政不服審査法を使い、「撤回」処分取消しを求める審査請求と執行停止申立てを行なった。民意を無視し、なりふりかまわずに事業を強行しようとしているが、玉城デニー知事の誕生により、辺野古新基地建設が頓挫する可能性がますます高くなったと言えよう。

# 辺野古に基地はつくらせない

山城博治

## 八方塞がりの辺野古埋立工事

沖縄県民は、繰り返し、明確に、辺野古の米軍新基地建設を拒む意志表示をしてきた。これまで二〇年以上にわたって、「新しい基地はつくらせない」と、さまざまな選挙でも、住民投票でも、世論調査でも、現場での抵抗でも、反対の意志を明確に示し、雨の日も炎熱の日も、機動隊にごぼう抜きにされながら、建設は絶対に許さないと言い続けてきた。

もともとは、沖縄の基地負担軽減のため、住宅地のど真ん中にあり「世界一危険」と言われる普天間基地(宜野湾市)を撤去しなければならない、という話から始まったはずのことだった。にもかかわらず、同じ沖縄県内の名護市辺野古の美しい海を埋め立てて、巨大かつ最新鋭の基地を建設するという計画にすりかえられたのである。

政府やマスメディアの多くは、この「新基地建設」を「辺野古移設」と表現し、それが普天間基地の危険性を撤去する「唯一の解決策」であると言う。二〇一二年に第二次安倍政権が出発して以降、政府の強硬姿勢は顕著となり、本当にそれが「唯一の解決策」なのかということは問わず、思考を停止させ、多くの批判や代案にも耳を貸さず、県民の抵抗は機動隊などの物理的な暴力によって排除しながら、「粛々と」、建設工事が進められてきた。

だが、辺野古新基地の建設工事をめぐる状況は、二つの側面から見ないと本質を見失う。

一つは、県民の抵抗が続けられているにもかかわらず建設工事が強行されているという側面であり、もう一つは、にもかかわらず県民の抵抗が続き、次々に困難な課題が生まれて、工事は大幅に遅れている、という側面である。

この二つの側面、とりわけ後者の問題を、ここでは強調したい。基地建設工事は着々と強行されており、埋立工事も始まってしまった、という印象を持っている人は、辺野古に関心を抱いている人の中にも少なくない。

しかし、このブックレットで明らかにしてきたように、とりわけ大浦湾の埋立はきわめて難しい工事であり、また多くの行政の許認可も必要であるため、そう簡単に完成できるようなものではない。日本政府や建設工事を進めている防衛局も、当初の自分たちの予測が、技術的な観点からだけ見ても、いかに甘いものであったかということは、すでに気づいているだろう。

政府や本土の多くのマスメディアの言うことだけを聞いていると、まさに、もう工事は取り戻しのつかない時点に至ってしまっているかのように思われるかもしれないが、実際には、いま危機的な状況に陥っているのは、政府側なのである。

二〇一五年一〇月に「埋立着工」と宣言され、その際に工期は「五年」と政府は言っていた。しかし、本稿執筆時点の二〇一八年九月の段階で、すでに三年が経とうとしているにもかかわらず、埋立完成どころか、一部の護岸工事が進んだだけの状況である。

政府側は、強気の姿勢の裏で、工事計画の基本部分から見直しを迫られるほどの窮地に立たされている。このブックレットで北上田氏が指摘したように、そもそも工事は当初の政府側の施行順序に沿った形では進んでいない。水深の深い大浦湾から始めていくはずだったにもかかわらず、ほとんど何も手がつけられていない。日本政府は、県民のあきらめをもたらす「視覚効果」をねらって、工事の容易な辺野古側の浅瀬から作業を始めているのが実相である。

沖縄はサンゴ礁の島であり、海を見ればエメラルドグリーンの美しい浅瀬が続いていく光景が普通だ。ところが、埋立が予定されている大浦湾は急に深くなる。この点について、前出の加藤祐三琉球大学名誉教授は、活断層の可能性を指摘している。さらに、その海底はマヨネーズ並みの軟弱地盤であり、その埋立には膨大な費用と長い年数が必要となることが明らかになった。

もちろん、土砂の投入がなされていない現時点でも、環境や地域への影響は大きい。ジュゴンの姿が見られなくなり、地域の人々に分断がもたらされている。それを軽視することはできないが、工事を進める側が八方塞《ふさ》がりの状況に陥っているということは疑いようのない事実である。

## 現場の抵抗が工事をとめる原動力

もちろん、いかに技術的に難しく費用が膨大にかかる工事だからといって、この工事が自動的に停止するなどということはありえないだろう。沖縄の未来に米軍の新しい基地はいらないという県民の強い意志、そして日々の現場での抵抗、工夫をこらした県内外の取り組みが継続されているからこそ、工事は大幅に遅れており、技術的な難題を解決する道筋も開けてこないのだ。これは精神論ではなく、政治的な現実である。

埋立に使われる石材や土砂の現場搬入を、県民は毎日、体を張って、機動隊の暴力的な排除に抵抗しながら、一台でも二台でも、その搬入を阻止するためにがんばっている。海上でも、カヌー隊や抗議船が、海上保安庁の暴力に抵抗しながら工事を監視し、たたかっている。この抵抗が続いているから工事が遅れている。そして、こうした抵抗がなければ、いかに技術的な課題があったところで、工事は無理やりにでも進められてしまうだろう。

また、工事に立ちふさがる技術的課題を解決するためには、工事の計画を変更しなければならず、それには県知事の承認が必要である。岩礁破砕許可も必要であり、サンゴの移植もしなければいけない。行政の許認可の必要な案件は多く、新基地を拒む県民の意思を代表する首長が存在する限り、その許認可も円滑には進まない。

辺野古新基地の建設を遅らせている根本は、基地を拒む県民の意志にほかならない。

そして、この県民の意志をくじくためにこそ、政府は、「埋立工事は粛々と進んでいる」と宣伝しつづけている。もう工事は進んでいるのだから、政府と関係を改善して、「振興策」という名のカネを受け取ったほうがよい――政府の言うことを要約すればこうなる。その政府の言うことを聞かずに抵抗する県民は、本土から集めた機動隊で排除し、私のような人間は逮捕して獄中に入れる。それでも抵抗は続くから、陸からのダンプトラックの石材や土砂の搬入は予定通りには進まない。それで、海上搬送を行なう。それに対して、積出港のある地域の住民は座りこみまでして反対し、港の管理権限を持つ県の姿勢もあいまって、船舶による海上搬送も決して容易ではない状況に追いやられている。八方塞がりに陥っているのは政府側である。

県の内外で、さらには国連をはじめとする国際的な場でも、日本政府に対する反対の声があげられ、それは確実に日本政府へのプレッシャーとなっている。日本各地でも、辺野古基地に反対する声がさまざまにあげられている。さらに選挙や住民投票で意志を示し、現場での抵抗を続けていくことで、必ず新基地建設をとめることはできる。

## 日本の民主主義まで劣化させている

このような状況のもと、通常の民主主義国家であれば、少なくともいったんは立ち止まり、再検討がなされるべき段階であろう。実際、沖縄以外の他の地域では、オスプレイ配備にしても、ミサイル防衛の拠点化にしても、地元の反対・慎重意見に、少なくとも耳を傾ける姿勢を政府は見せている。だが、こと沖縄に対して、日本政府にその姿勢はまったくない。むしろ、常軌を逸した強硬姿勢を続け、既成事実を積み上げようとするばかりだ。県民の反対の意志も、度重なる選挙結果も一顧だにしない。知事の正当な権限行使に対して裁判に訴えるだけでなく、法規の解釈の一方的で恣意的な変更までして工事を強行する。これが、菅義偉《すがよしひで》官房長官のいう「法治国家」の姿である。工事に協力する側にはさまざまな便宜をはかり、知事選挙から市町村などの首長選挙にいたるまでさまざまな手段で介入し、県民を分断することに躊躇しない。

以前は、警察も海上保安庁も、少なくとも行政として当然あるべき中立性を保っていたが、二〇一二年の第二次安倍政権以降、そのような姿勢は失われた。司法も、明白な人権侵害が起きているにもかかわらず、むしろ弾圧に加担するような立場で動く。三権分立ではなく、三権が一体となって県民の意志を攻撃し、踏みにじろうとしている。恐ろしい差別的構造というほかない。民意に背いて軍事基地の建設を進めるうちに、民主主義そのものが劣化してきているのだ。

しかし、こういう安倍政権の強硬姿勢や横暴に対して、県民の反発は強まりこそすれ、弱まることはない。どんな宣伝や誘導が行なわれようと、沖縄では、米軍基地による被害は日々、私たちの目の前で起きている現実だからである。

### 翁長知事の命を賭けた承認撤回

翁長知事による埋立承認撤回の決断は、まさに、命を賭《と》した判断であった。大病を患い、やつれた姿で、しかし日本政府の横暴に対する満身の憤りと、沖縄の未来を守るという覚悟をもって、二〇一八年七月二七日、翁長知事は承認撤回を表明した。

私たちが二〇一四年の翁長知事の誕生以降、待ちに待った瞬間であった。

「振興策を利益誘導だというなら、お互い覚悟を決めましょう。沖縄に経済援助なんかいらない。税制の優遇措置もなくしてください。そのかわり、基地は返してください。国土の面積〇・六%の沖縄で在日米軍基地の七四%を引き受ける必要は、さらさらない。いったい沖縄が日本に甘えているんですか。それとも日本が沖縄に甘えているんですか」

このような翁長知事の発する言葉に多くの県民が励まされ、心を揺り動かされてきた。まさに県民の代弁者であった。保守の中枢、自民党沖縄県連の幹事長だった人が、沖縄戦の歴史を踏まえ、平和を求める県民の意志を代表して、オスプレイ配備反対、辺野古基地建設反対を貫くと宣言し、とくに辺野古については、県知事として持てる権限をすべて行使して徹底的に抗《あらが》い、すべての矢が尽きたならば自分自身が現地に座りこむ、とまで言った。

撤回の前の承認「取り消し」をめぐって、国を相手とする裁判が続き、その過程で、現在の司法が行政権力の前に無力なものとなっている現実、三権分立が絵に描いた餅となっている実態が明らかにされる中で、承認撤回は難しい判断であったことは間違いない。政府からの絶え間ない重圧も、私たちの想像以上のものであっただろう。

そうした厳しい状況のもとでも、「イデオロギーよりアイデンティティ」と、保守・革新を越えて分断を乗り越えることを呼びかけ、「オール沖縄」を名実ともに体現した翁長知事というリーダーは、何にも代えがたい存在であった。その急逝が大きな悲しみであり、打撃であることは間違いない。しかし、翁長知事が遺《のこ》した政治的意志と言葉、そして承認撤回という事績を、私たちは今後も糧《かて》としながら、辺野古に基地をつくらせない努力を継続していく。

## 沖縄の未来へ

辺野古の浅瀬で行なわれている護岸工事の状況を実際に海上から見てみると、心が苦しくなる光景が広がる。目の前で、青い、美しい海に、ガラガラと音を立てて、ダンプトラックとクレーンから大量の砕石が落とされて、ユンボ（パワーショベル）がそれを次々に固めて護岸をつくっていく。海上を延びてきた護岸がつながり、海が閉じられる。この砂浜や浅瀬にいた生き物たちは、どうすればいいのだろう。このような時ばかりは、どうしてもマイクをとることができない。湧《わ》き上がる怒りがあればマイクをとれるが、苦しい気持ち、悲しみが大きいと、言葉を出すことすらできない。

美しい海、故郷を破壊し、反対の声を押し潰して、巨大軍事基地を建設する。その不条理への怒りが沖縄から消えることは、今後も決してないだろう。

たたかいの中でこそ民主主義が鍛えられるのだとすれば、米軍の新しい基地を拒む県民の抵抗は、沖縄の民主主義の歴史に新しいページを加えることになるに違いない。私たちは非暴力だけれども、決して後に退かない。将来の沖縄を生きる世代に、基地のない沖縄を残すとともに、自分たちの運命は自分たちで決めていくという沖縄人の気概を残したい。

軍事基地と引き換えに降ってくる日本政府のカネではなく、豊かな自然や観光資源によってアジア諸国とともに繁栄していく沖縄——翁長知事と私たちが共有した未来の沖縄の姿は、もうすぐそこに見えつつあるのだ。

〈**第三刷　追記**〉

二〇一八年一二月、防衛局は辺野古側（2—①工区）のへの土砂投入を開始した。

二〇一九年一月に入り、政府はついに、大浦湾の軟弱地盤の存在と地盤改良工事の必要性を認めた。しかし、玉城知事が設計概要変更申請を承認するはずはなく、その時点で新基地建設事業は頓挫する。

二月の県民投票では、新基地建設反対という県民の強い意志が改めて示された。しかし政府は、その結果を無視し、先の展望もないまま工事強行にひた走っている。

山城博治

1952年沖縄県生まれ．沖縄平和運動センター議長．辺野古新基地建設への反対・抗議運動など，長年にわたり沖縄の平和運動に携わる．月刊『世界』2017年7月号，18年3月号，18年7月号にインタビュー掲載．

北上田 毅

1945年生まれ．元土木技術者．沖縄平和市民連絡会．高江ヘリパッド建設反対運動・辺野古新基地建設反対運動等に参加．著書に『高江が潰された日』(共著，沖縄平和サポート)ほか．月刊『世界』2018年3月号，10月号に論考を寄稿．

辺野古に基地はつくれない　　岩波ブックレット 987

2018年9月26日　第1刷発行
2019年4月15日　第3刷発行

著　者　山城博治《やましろひろじ》　北上田《きたうえだ》 毅《つよし》

発行者　岡本 厚

発行所　株式会社 岩波書店
〒101-8002 東京都千代田区一ツ橋 2-5-5
電話案内 03-5210-4000　営業部 03-5210-4111
https://www.iwanami.co.jp/booklet/

印刷・製本　法令印刷　　装丁　副田高行　　表紙イラスト　藤原ヒロコ


ISBN 978-4-00-270987-1　　Printed in Japan

# 読者の皆さまへ

岩波ブックレットは，タイトル文字や本の背の色で，ジャンルをわけています．

赤系＝子ども，教育など
青系＝医療，福祉，法律など
緑系＝戦争と平和，環境など
紫系＝生き方，エッセイなど
茶系＝政治，経済，歴史など

これからも岩波ブックレットは，時代のトピックを迅速に取り上げ，くわしく，わかりやすく，発信していきます．

### ◆岩波ブックレットのホームページ◆

岩波書店のホームページでは，岩波書店の在庫書目すべてが「書名」「著者名」などから検索できます．また，岩波ブックレットのホームページには，岩波ブックレットの既刊書目全点一覧のほか，編集部からの「お知らせ」や，旬の書目を紹介する「今の一冊」，「今月の新刊」「来月の新刊予定」など，盛りだくさんの情報を掲載しております．ぜひご覧ください．

▶岩波書店ホームページ　https://www.iwanami.co.jp/ ◀
▶岩波ブックレットホームページ　https://www.iwanami.co.jp/booklet ◀

### ◆岩波ブックレットのご注文について◆

岩波書店の刊行物は注文制です．お求めの岩波ブックレットが小売書店の店頭にない場合は，書店窓口にてご注文ください．なお岩波書店に直接ご注文くださる場合は，岩波書店ホームページの「オンラインショップ」(小売書店でのお受け取りとご自宅宛発送がお選びいただけます)，または岩波書店〈ブックオーダー係〉をご利用ください．「オンラインショップ」，〈ブックオーダー係〉のいずれも，弊社から発送する場合の送料は，1回のご注文につき一律650円をいただきます．さらに「代金引換」を希望される場合は，手数料200円が加わります．

▶岩波書店〈ブックオーダー〉　☎ 049(287)5721　FAX 049(287)5742 ◀